Addieren und Subtrahieren

1

700 − 400 =
880 − 600 =
660 − 500 =
550 − 400 =

990 − 60 =
680 − 20 =
844 − 400 =
725 − 500 =

2

500

350 | 650

200

1 000

3

333 − 8 =
558 − 24 =
685 − 123 =
755 − 135 =

375 − 225 =
989 − 439 =
657 − 327 =
488 − 266 =

4

200 + 600 =
300 + 400 =
480 + 500 =
230 + 300 =

620 + 70 =
440 + 60 =
810 + 90 =
330 + 60 =

5

554 + 9 =
554 + 19 =
554 + 29 =
554 + 39 =

239 + 31 =
249 + 31 =
259 + 31 =
269 + 31 =

6 Finde die Regel für das Bilden der Zahlenfolge.
Setze die Zahlenreihe fort.

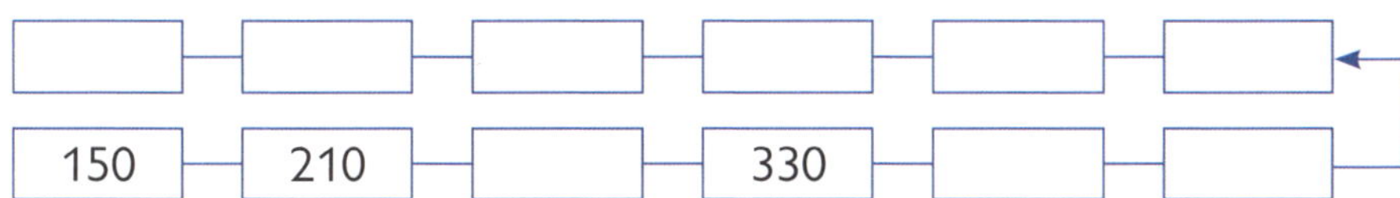

7 Wie groß ist die Summe aus dem Doppelten von 120 und 740?

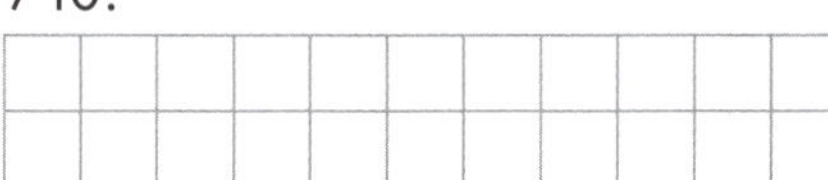

Wie groß ist die Differenz aus 840 und der Hälfte von 400?

+ : − •

1 Nutze Rechenvorteile.

430 + 50 + 70 =	434 + 55 + 16 =
80 + 60 + 420 =	685 + 44 + 15 =
755 − 36 − 15 =	877 − 39 − 27 =
964 − 28 − 34 =	583 − 44 − 33 =
791 − 33 − 47 =	827 + 84 + 43 =

2 Finde die Regel für das Bilden der Zahlenfolge.
Setze die Zahlenreihe fort.

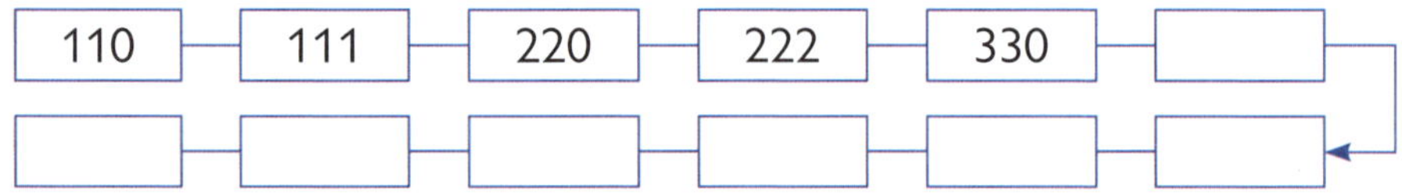

3 Setze das richtige Zeichen: < = >.

366 + 34 ◯ 400	530 + 390 ◯ 900	170 + 90 ◯ 60 + 210
685 + 35 ◯ 710	270 + 340 ◯ 590	450 + 80 ◯ 90 + 420
945 − 85 ◯ 850	696 − 240 ◯ 420	730 − 70 ◯ 690 − 30
888 − 98 ◯ 790	463 − 230 ◯ 240	940 − 90 ◯ 920 − 70
412 − 53 ◯ 349	345 + 345 ◯ 770	520 − 80 ◯ 530 − 90

4

438	263	605	788	604
+ 321	+ 422	+ 286	+ 199	+ 346

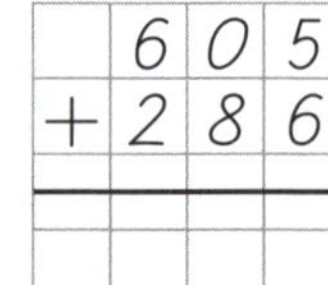

5

758	594	642	906	842
− 244	− 348	− 257	− 584	− 446

1: Addieren und Subtrahieren 2: Zahlenfolgen vervollständigen
3: Relationszeichen setzen 4 und 5: Schriftliches Addieren/Subtrahieren

1

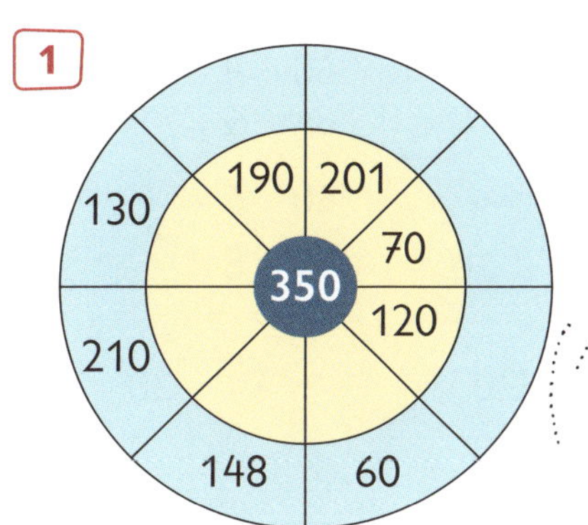

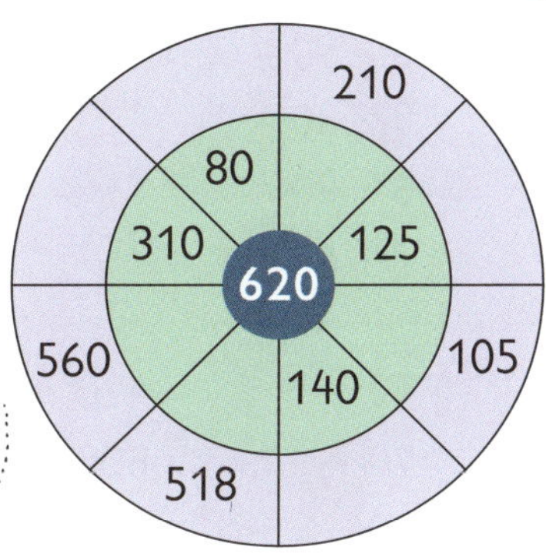

2 Vervollständige.

	2	4	8
+		6	
	5	0	9

	7		7
+		2	3
	9	4	

		8	2
+	5	7	
	8		8

	5	0	8
−		4	7
	3		

	7	6	
−		8	8
	5		0

3 Hier haben sich Fehler eingeschlichen.
Finde und berichtige sie.

	6	3	4
+	1	2	8
	7	5	2

	5	0	8
+	2	3	3
	7	4	1

	4	5	4
+	5	4	5
	9	8	9

	6	8	2
−	3	9	1
	2	9	3

	8	2	6
−	5	8	9
	2	4	3

4

+	60	23	45
245			
477			
690			
885			

−	40	35	84
390			
500			
724			
413			

1: Addieren/Subtrahieren im Rechenrad 2: Fehlende Ziffern finden
3: Fehler finden und berichtigen 4: Addieren/Subtrahieren in Tabellen

Multiplizieren und Dividieren

1

3 · 90 =	20 · 30 =	60 · 4 =
9 · 30 =	30 · 30 =	90 · 7 =
6 · 70 =	50 · 10 =	60 · 6 =
7 · 60 =	40 · 20 =	80 · 8 =

2

42 · ☐ = 420	36 · ☐ = 720	☐ · 30 = 900
20 · ☐ = 800	45 · ☐ = 900	☐ · 8 = 560
30 · ☐ = 900	25 · ☐ = 500	☐ · 6 = 420
10 · ☐ = 600	99 · ☐ = 990	☐ · 9 = 810

3

81 : 9 =	720 : 80 =	160 : 8 =
63 : 7 =	720 : 8 =	350 : 7 =
42 : 6 =	72 : 8 =	810 : 90 =
56 : 8 =	720 : 10 =	640 : 80 =

4

360 : ☐ = 6	☐ : 80 = 3	☐ : 4 = 40
280 : ☐ = 4	☐ : 40 = 9	☐ : 5 = 90
560 : ☐ = 7	☐ : 70 = 9	☐ : 6 = 30
210 : ☐ = 3	☐ : 50 = 7	☐ : 2 = 90

5 56 —·10→ ☐ —:8→ ☐ —·3→ ☐ —:70→ ☐

32 —: ☐→ 4 —· ☐→ 200 —: ☐→ 5 —· ☐→ 450

6 Welche Zahl ist das Doppelte des Produktes aus 50 und 5?

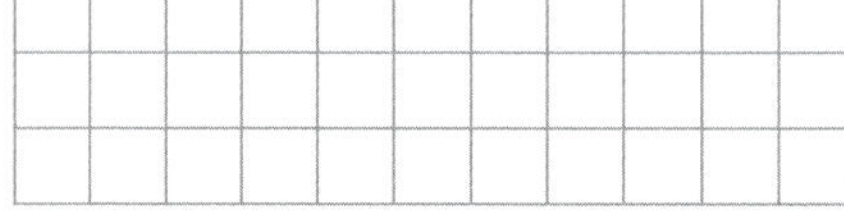

Welche Zahl ist die Hälfte des Quotienten aus 640 und 80?

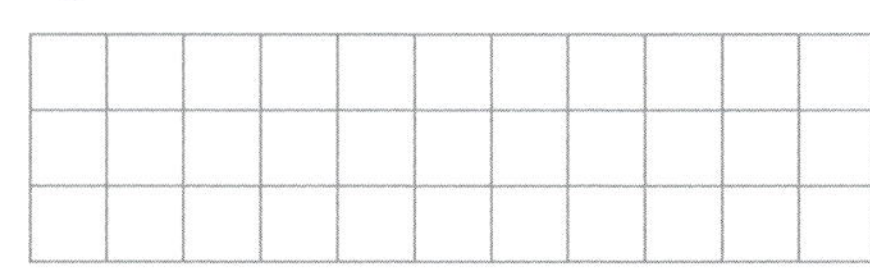

1 und 3: Multiplizieren/Dividieren 2 und 4: Faktor bzw. Dividend und Divisor bestimmen
5: Rechenkette vervollständigen 6: Aufgaben finden und lösen

1 Bilde zuerst den Überschlag. Multipliziere oder dividiere dann.

Ü:
23 · 6

Ü:
38 · 4

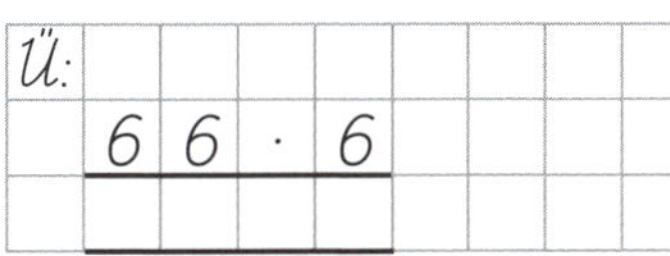

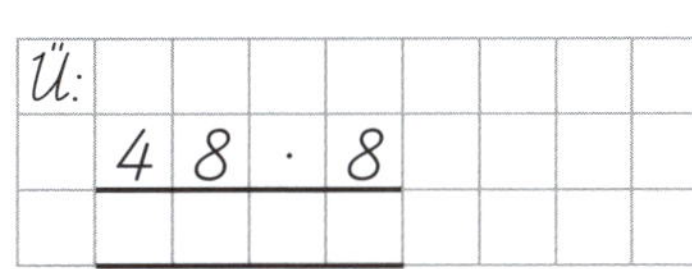

Ü:
66 · 6

Ü:
48 · 8

Ü:
96 : 4 =

Ü:
91 : 7 =

Ü:
78 : 6 =

Ü:
95 : 5 =

2

Tetrapak	1	2	3	4			
Preis	40 ct	ct	ct	ct	240 ct	360 ct	400 ct

3

Sticker		12	30	42			360
Packung	1	2			20	35	

4 Der Hausmeister will neue Schülerstühle bestellen. In jedes Klassenzimmer sollen 26 Stühle gestellt werden.
Die Schule hat neun Klassenzimmer.

Wie viele Stühle müssen bestellt werden?

Aufgabe:

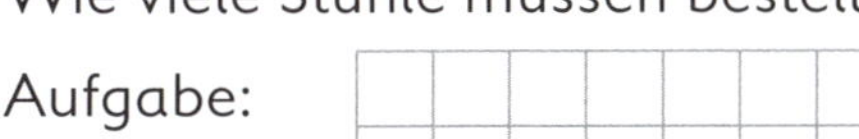

Antwort:

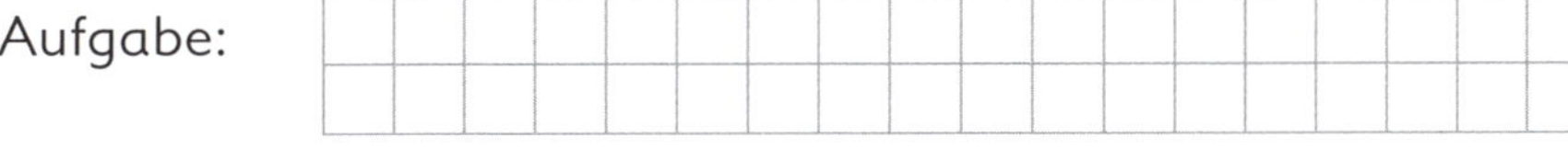

1: Multiplizieren und Dividieren mit Überschlag 2 und 3: Tabellen ergänzen
4: Inhalt erfassen, Aufgabe finden, lösen und im Satz antworten

Dividieren mit Rest

1 Dividiere und überprüfe das Ergebnis.

27 : 5 = ___ R ___, denn ___ · 5 = ___ und ___ + ___ = 27

46 : 7 = ___ R ___, denn ___ · 7 = ___ und ___ + ___ = 46

87 : 9 = ___ R ___, denn ___ · ___ = ___ und ___ + ___ = 87

76 : 6 = ___ R ___, denn ___ · ___ = ___ und ___ + ___ = 76

2

2 3 5 : 6

4 2 8 : 9

5 6 5 : 7

3 9 8 : 4

3 Anna sagt: Wenn ich 407 Cent gleichmäßig an 5 Kinder verteile, dann bleiben 2 Cent übrig. Stimmt das?

Aufgabe:

Antwort: ___

4

1 0 3 : 3 0

5 6 8 : 8 0

1: Dividieren, Lösung begründen 2: Dividieren
3: Inhalt erfassen, Aufgabe finden, lösen und im Satz antworten 4: Dividieren durch Zehnerzahlen

Punktrechnung und Strichrechnung in einer Aufgabe

1

$15 + 2 \cdot 20 = 55$
$15 + 40 = 55$

$27 + 30 \cdot 3 =$ ___
$27 +$ ___ $=$ ___

$38 + 4 \cdot 20 =$ ___
___ $+$ ___ $=$ ___

$100 + 20 \cdot 3 =$ ___
___ $+$ ___ $=$ ___

$7 \cdot 10 + 86 =$ ___
___ $+$ ___ $=$ ___

$9 \cdot 30 + 86 =$ ___
___ $+$ ___ $=$ ___

$8 \cdot 50 + 86 =$ ___
___ $+$ ___ $=$ ___

$40 \cdot 4 + 216 =$ ___
___ $+$ ___ $=$ ___

2 Versuche im Kopf zu rechnen.

$35 + 5 \cdot 30 =$ ___
$68 + 7 \cdot 50 =$ ___
$480 + 7 \cdot 60 =$ ___
$225 + 4 \cdot 40 =$ ___

$40 \cdot 6 + 260 =$ ___
$70 \cdot 4 + 280 =$ ___
$5 \cdot 80 + 400 =$ ___
$9 \cdot 30 + 150 =$ ___

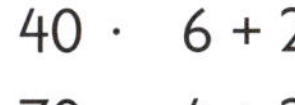

3

$240 : 80 + 25 =$ ___
$3 + 25 = 28$

$85 + 160 : 80 =$ ___
$85 +$ ___ $=$ ___

$560 : 70 + 86 =$ ___
___ $+ 86 =$ ___

$92 + 490 : 70 =$ ___
___ $+$ ___ $=$ ___

$421 + 360 : 40 =$ ___
___ $+$ ___ $=$ ___

$810 : 9 + 410 =$ ___
___ $+$ ___ $=$ ___

4 Setze das richtige Zeichen: $<$ $=$ $>$.

$320 + 4 \cdot 40$ ◯ $7 \cdot 30 + 3 \cdot 90$
$720 + 5 \cdot 30$ ◯ $9 \cdot 50 + 6 \cdot 30$

$80 \cdot 4 + 4 \cdot 50$ ◯ $6 \cdot 60 + 40 \cdot 4$
$40 \cdot 6 + 3 \cdot 40$ ◯ $2 \cdot 90 + 7 \cdot 10$

1 bis 3: Halbschriftliches oder mündliches Addieren von zwei Summanden; ein Summand ist ein Produkt/Quotient 4: Relationszeichen setzen

1

380 − 4 · 40 =
380 − =

555 − 70 · 5 =
− =

635 − 8 · 70 =
− =

458 − 50 · 7 =
− =

2

450 : 30 − 7 =
− 7 =

450 : 5 − 60 =
− =

560 : 8 − 35 =
− =

630 : 70 − 9 =
− =

3 Versuche im Kopf zu rechnen.

490 : 70 − 5 =
810 : 90 − 4 =
540 : 6 − 30 =

250 − 3 · 30 =
910 − 3 · 70 =
657 − 5 · 40 =

Aufgepasst!
4 · 5 + 2 · 5 = 6 · 5
5 · 20 + 3 · 20 = 8 · 20
50 · 9 − 50 · 6 = 50 · 3

4 Hier kannst du Rechenvorteile nutzen.

3 · 8 + 7 · 8 =
3 · 80 + 4 · 80 =
6 · 40 + 2 · 40 =
70 · 7 + 70 · 2 =

7 · 20 − 3 · 20 =
8 · 30 − 2 · 30 =
60 · 4 − 60 · 3 =
80 · 9 − 80 · 4 =

5 Setze das richtige Zeichen: < = >.

320 − 4 · 40 ◯ 5 · 40 − 30 · 2
720 − 5 · 30 ◯ 4 · 80 + 3 · 60

80 · 4 + 4 · 50 ◯ 60 · 9 − 6 · 4
7 · 70 − 3 · 70 ◯ 5 · 90 − 2 · 80

1 bis 3: Halbschriftliches oder mündliches Subtrahieren, Subtrahend/Minuend ist ein Produkt/Quotient 4: Rechenvorteile erkennen und nutzen 5: Relationszeichen setzen

Aufgaben mit Klammern

1

(4 + 3) · 8 = ___
___ · 8 = ___

(25 – 5) · 9 = ___
___ · 9 = ___

(36 + 14) · 6 = ___
___ · 6 = ___

7 · (12 + 8) = ___
7 · ___ = ___

4 · (36 – 28) = ___
4 · ___ = ___

9 · (44 + 36) = ___
9 · ___ = ___

2

(32 + 18) : 5 = ___
___ : 5 = ___

(65 + 15) : 8 = ___
___ : ___ = ___

(80 – 17) : 7 = ___

___ : 7 = ___

(96 – 32) : 8 = ___
___ : ___ = ___

3 Versuche die Aufgaben im Kopf zu rechnen.

(100 – 44) : 4 = ___
(410 – 60) : 5 = ___
(740 + 70) : 9 = ___
(460 + 80) : 6 = ___

(350 + 70) : 60 = ___
(240 + 80) : 80 = ___
(490 – 40) : 50 = ___
(330 – 50) : 70 = ___

4 Schreibe die Aufgabe auf und löse sie.

Die Summe aus 380 und 40 wird durch 7 dividiert.

___

Zum Quotienten aus 540 und 90 wird 120 addiert.

___

5 Setze die Klammern so, dass das Ergebnis der Aufgabe stimmt.

36 + 36 : 9 – 8 = 0

36 + 36 : 8 + 9 = 18

1 bis 3: Klammerregel beim Multiplizieren und Dividieren anwenden
4: Aufgaben finden und lösen 5: Klammern richtig setzen

Addieren – Subtrahieren – Multiplizieren – Dividieren

1

	2	1	8
+	4	1	2

	6	1	5
+	1	5	6

	3	6	4
+		9	8

	5	5	5
+	2	9	2

	3	3	3
+		7	9

2

	2	0	8
–		9	3

	9	1	6
–	6	9	1

	5	7	2
–	2	7	5

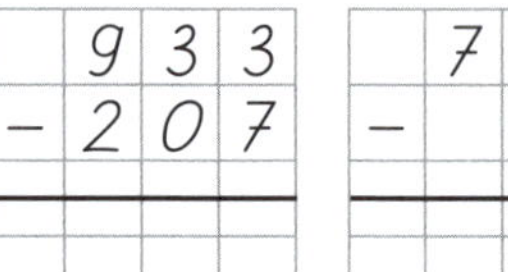

	9	3	3
–	2	0	7

	7	4	0
–		7	6

3 Bilde zuerst den Überschlag, multipliziere dann.

Ü:

56 · 4

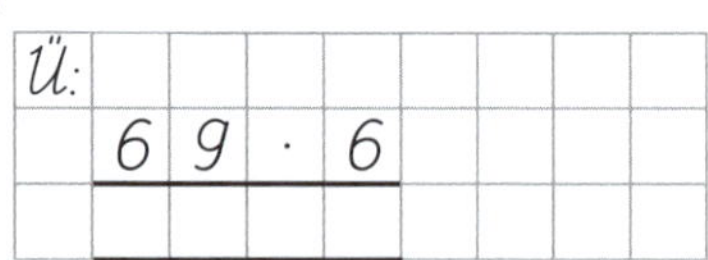

Ü:

69 · 6

4 Bilde erst den Überschlag, dividiere dann.

Ü:

840 : 4 =

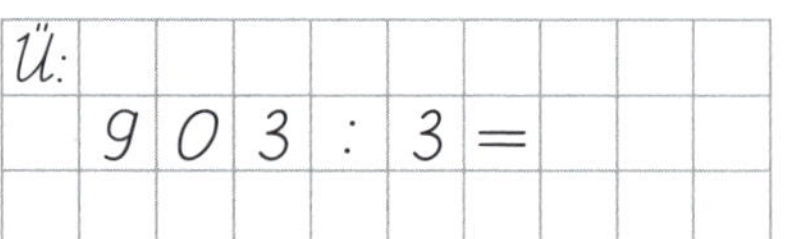

Ü:

903 : 3 =

5 3 · (27 + 23) =

6 · (45 + 105) =

(100 – 55) : 5 =

(99 – 69) · 5 =

1 000 – (770 – 90) =

(350 + 140) : 70 =

6 Die Differenz aus 95 und 35 wird mit 8 multipliziert. Berechne das Produkt.

1: Schriftliches Addieren/Subtrahieren 3 und 4: Multiplizieren/Dividieren mit Überschlag
5: Bekannte Regeln anwenden 6: Inhalt erfassen, Aufgabe finden und lösen

Sachaufgaben – Schrittfolge zum Lösen

1 Von der Schule „Am Schwanenteich“ fahren 90 Kinder zum Schwimmwettkampf der 4. Klassen. Für jedes Kind sammelt die Lehrerin 6 € für die Fahrkarte und 2 € für ein Getränk ein.

Frage: ______________________________

Aufgabe:

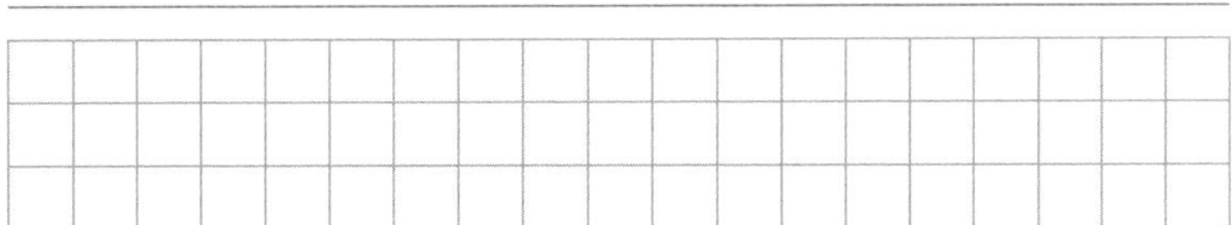

Antwort: ______________________________

2 Maria liest den Kilometerzähler im Auto ab und schreibt auf:
Abfahrt: 256 km Ankunft: 635 km

Wegen einer Umleitung dauert die Fahrt 30 min länger als geplant.

Frage: ______________________________

Aufgabe:

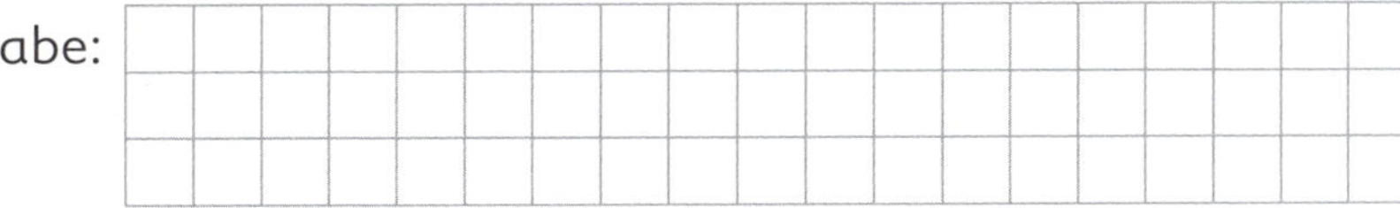

Antwort: ______________________________

3 Mit der Schultombola wurden 428 € eingenommen.
Ein Buchverlag verdoppelte durch seine Spende den Betrag.

Frage: ______________________________

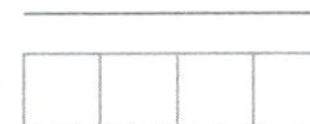

Aufgabe:

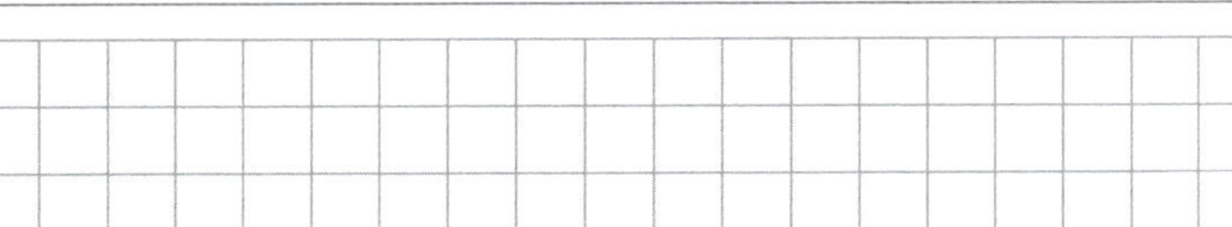

Antwort: ______________________________

1 bis 3: Inhalt erfassen, Frage formulieren, Aufgaben finden und lösen, im Satz antworten
2: Nicht notwendige Angaben erkennen

Die Zahlen bis 10 000

1

7T 4H 6Z 3E = 7 ____ 1T 9H 0Z 0E = ____
9T 1H 2Z 1E = ____ 6T 0H 4Z 4E = ____
2T 9H 0Z 5E = ____ 3T 1H 1Z 1E = ____
5T 0H 3Z 9E = ____ 7T 6H 0Z 6E = ____

2 Schreibe zum Zahlwort die richtige Zahl.

viertausendzweihundertfünfzehn ____
eintausendsechshundertdrei ____
neuntausendfünfzig ____
sechstausendachthundertfünfundzwanzig ____
fünftausenddreihundertdreißig ____

3 Berechne die Summe und schreibe das Zahlwort auf.

3 000 + 200 + 70 + 2 = ____

____

8 000 + 100 + 50 + 3 = ____

____

4 000 + 900 + 8 = ____

____

6 000 + 200 + 90 = ____

____

4 Schreibe als Summe.

6 923 = 6 000 + 900 + ____ + ____
3 849 = 3 000 + ____ + ____ + ____
5 083 = ____ + ____ + ____
7 460 = ____ + ____ + ____

1 und 2: Zahlen zuordnen
3: Summen berechnen, Zahlwörter schreiben 4: Zerlegen

1 Ergänze die fehlenden Zahlen.

___, 7005, ___, ___, 7008, ___

3200, ___, 3400, ___, ___, ___

___, 6030, ___, ___, 6060, ___

2000, ___, ___, ___, 6000, ___

___, 3900, ___, ___, ___, 3500

2 Nachbartausender (NT)

NT	Zahl	NT
	6894	
	2451	
	7347	
	4422	
	6501	
	1998	

Nachbarhunderter (NH)

NH	Zahl	NH
	3716	
	6283	
	5739	
	8118	
	4784	
	7942	

3 Wo gehören die Zahlen hin? Verbinde.

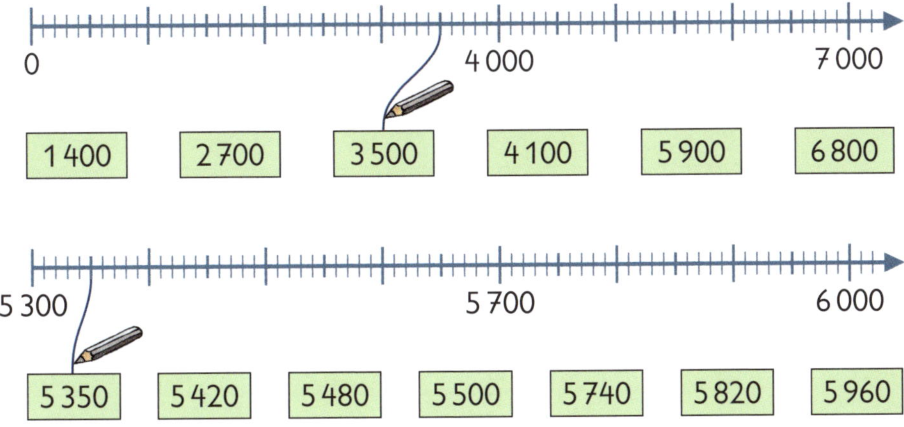

Vergleichen und Ordnen der Zahlen bis 10 000

1 < oder > ?

4 180 ◯ 4 080	6 990 ◯ 6 988	5 444 ◯ 5 369
7 940 ◯ 7 880	2 550 ◯ 2 650	9 090 ◯ 9 100
3 456 ◯ 3 465	8 234 ◯ 8 324	6 006 ◯ 6 010
7 084 ◯ 7 090	5 091 ◯ 5 078	3 409 ◯ 3 500

2 Ordne die Zahlen. Beginne mit der größten Zahl.

3 Ordne die Längenangaben.
Beginne mit der kleinsten Längenangabe.

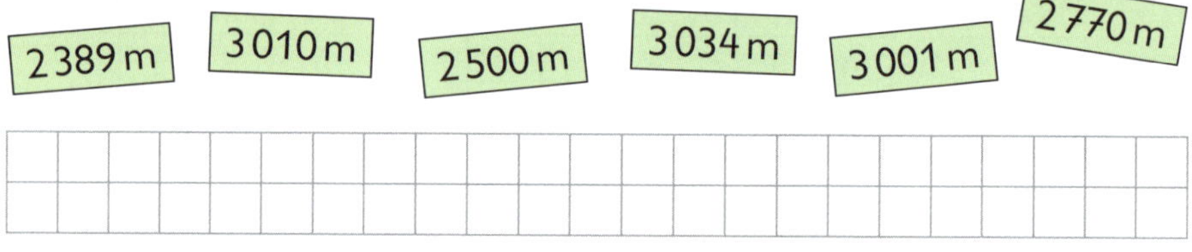

4 Zwischen 2 787 und 2 792 liegen die Zahlen:

Zwischen 4 995 und 5 000 liegen die Zahlen:

Zwischen 6 019 und 6 024 liegen die Zahlen:

Zwischen 8 398 und 8 403 liegen die Zahlen:

1: Relationszeichen setzen 2 und 3: Ordnen nach Vorschrift
4: Alle Zahlen für das gegebene Intervall angeben

Römische Zahlzeichen

1 Schreibe mit römischen Zahlzeichen.

32 ______ 48 ______

155 ______ 44 ______

307 ______ 161 ______

1 419 ______ 2 800 ______

999 ______ 3 908 ______

2 Welche Zahlen sind hier dargestellt?
Schreibe mit unseren Zahlen.

XXII MXLV MCLV LXX LIX LIV

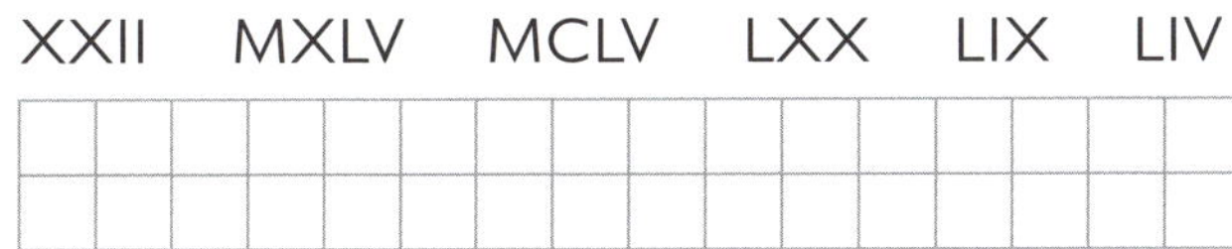

I	1
V	5
X	10
L	50
C	100
D	500
M	1 000

3 Ordne die römischen Zahlzeichen.
Beginne mit der größten Zahlenangabe.

XXXIV LXIII CMXXVI MD CCLXX MCIX

______

______

4 Ergänze die Tabelle.

14	19			54	109			520
		DC	CX			XC	IX	

5 Die Kinder haben auf Bildern von alten Häusern diese Zahlenangaben zur Jahreszahl entdeckt:

Max: MDCCXV Tom: MCCCX Lisa: MDCV Anna: MCDV

Wer hat das älteste Haus gefunden? ______

Gib die Jahreszahl mit unseren Zahlen an. ______

1: Römische Zahlenangaben schreiben 2: Zahlen angeben 3: Zahlzeichen ordnen nach Vorschrift 4: Tabelle ergänzen 5: Jahreszahl des ältesten Hauses angeben

Ergänze die Tabellen.

1

		449	793		2650	2012
CCLX	CCXL			MCVI		

2

Vorgänger			CXX	DCLI	
Zahl	XXXV	CLI			
Nachfolger					MCXX

3 Rechne.

LIV – XIV = ____

54 – ☐☐ = ☐☐

DCCL – XL = ____

☐☐☐ – ☐☐ = ☐☐☐

XXXVII – IX = ____

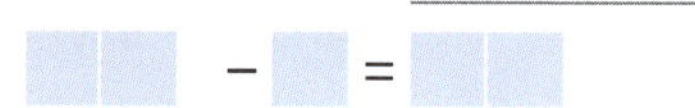

☐☐ – ☐ = ☐☐

LXV – XXV = ____

☐☐ – ☐☐ = ☐☐

XXIV + XVI = ____

☐☐ + ☐☐ = ☐☐

LXIII + XXXVII = ____

☐☐ + ☐☐ = ☐☐☐

MDXL + LXX = ____

☐☐☐☐ + ☐☐ = ☐☐☐☐

4 Welche Zahlzeichen stehen für Zahlen, die kleiner als 100 sind? Kreise sie ein.

LXXV CL XXXVIII LXX XC CXC

Welche Zahlzeichen stehen für Zahlen, die größer als 200 sind? Kreise sie ein.

CLXXX LXXX CLXV CD CDXXX CLXIII

1 und 2: Tabellen ergänzen 3: Subtrahieren/Addieren
4: Zahlzeichen entsprechend der Vorgabe kennzeichnen

Addieren und Subtrahieren

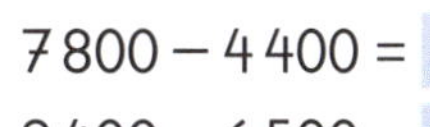

1 4 600 + 1 300 = ____ 7 800 − 4 400 = ____

3 800 + 5 300 = ____ 9 400 − 6 500 = ____

2 700 + 2 900 = ____ 8 700 − 6 900 = ____

6 200 + 1 900 = ____ 5 300 − 3 800 = ____

2

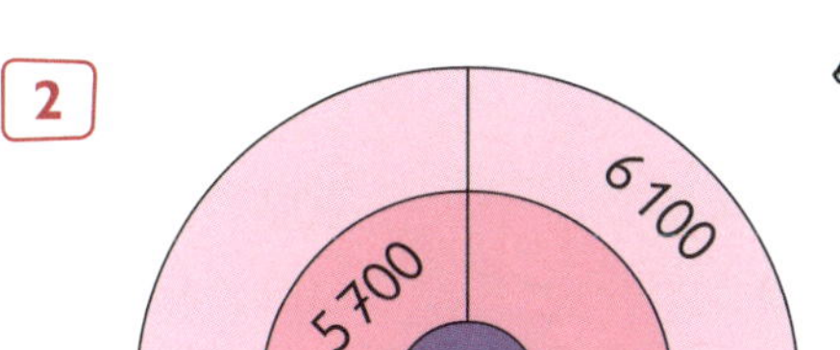

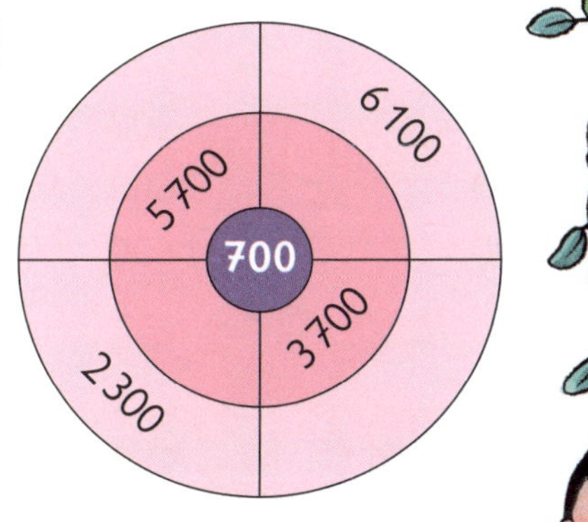

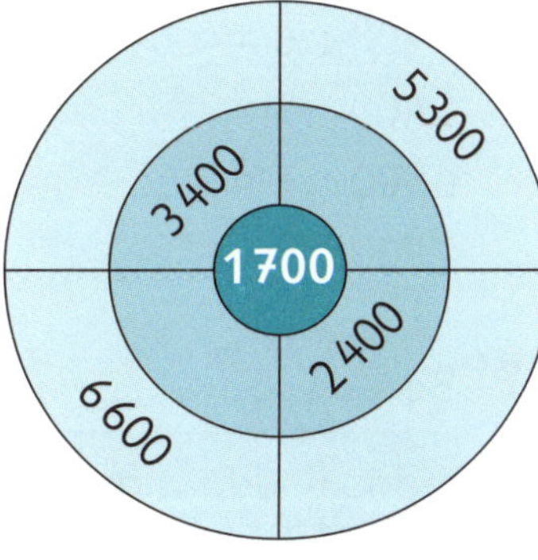

3 8 000 + 8 = ____ 7 000 − 7 = ____

8 000 + 80 = ____ 7 000 − 70 = ____

8 000 + 800 = ____ 7 000 − 700 = ____

4

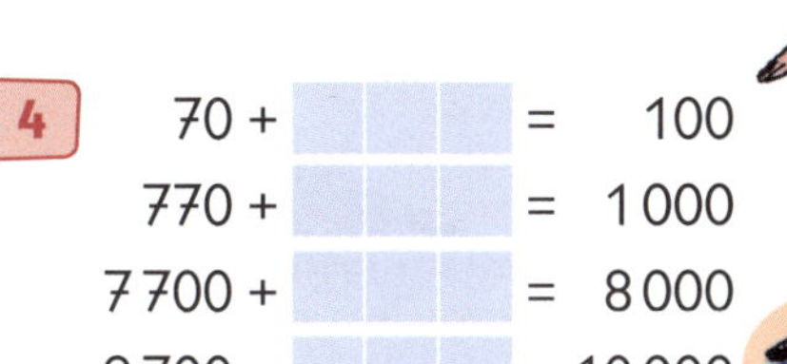

70 + ____ = 100 57 + ____ = 100

770 + ____ = 1 000 357 + ____ = 1 000

7 700 + ____ = 8 000 5 357 + ____ = 6 000

9 700 + ____ = 10 000 7 357 + ____ = 8 000

5 Subtrahiere von der kleinsten fünfstelligen Zahl die kleinste dreistellige Zahl. ____ ○ ____ = ____

6

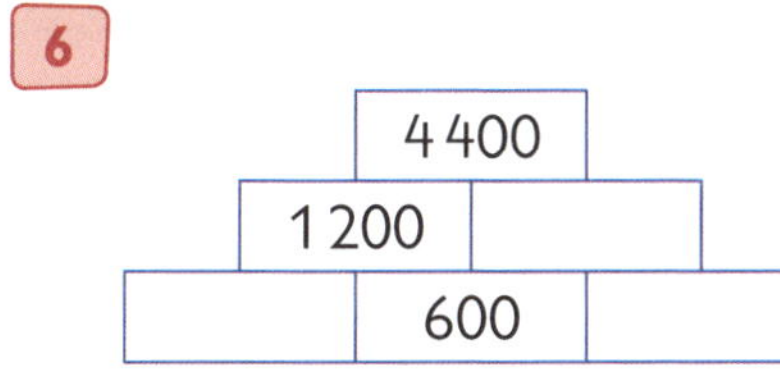

10 000
8 300
900
150

1: Addieren und Subtrahieren 2: Aufgaben in den Rechenrädern lösen 3: Addieren und Subtrahieren 4: Summand ermitteln 5: Aufgabe finden und lösen 6: Rechenmauern lösen

Multiplizieren und Dividieren

1

7 · 30 =	80 · 6 =	60 · 70 =
8 · 50 =	40 · 5 =	30 · 20 =
9 · 60 =	50 · 8 =	80 · 80 =
3 · 90 =	70 · 7 =	60 · 80 =

2

5 400 : 6 =	2 700 : 30 =	2 500 : 500 =
5 400 : 9 =	4 900 : 70 =	4 200 : 700 =
6 300 : 7 =	2 400 : 80 =	3 600 : 600 =
2 700 : 3 =	8 100 : 90 =	1 600 : 400 =

3 Berechne.

das Produkt aus 200 und 20	den Quotienten aus 4 500 und 50	den 8. Teil von 4 800

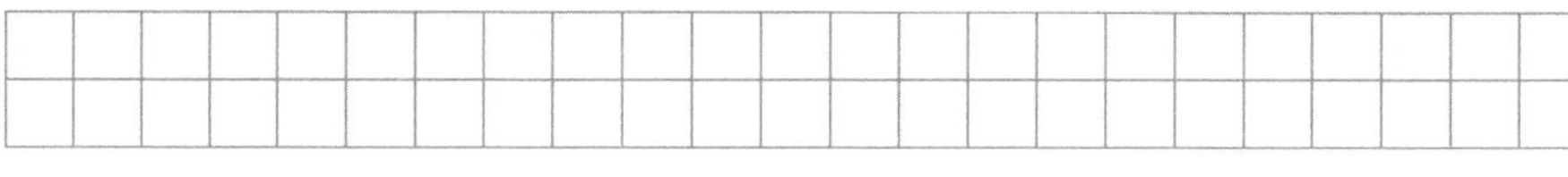

4 Ergänze zur vollständigen Aufgabe.

1 800		
60	·	
90	·	
6	·	
	·	

240		
24	·	
	·	
	:	2
	:	10

4		
2 400	:	
	:	800
	:	
160	:	

5

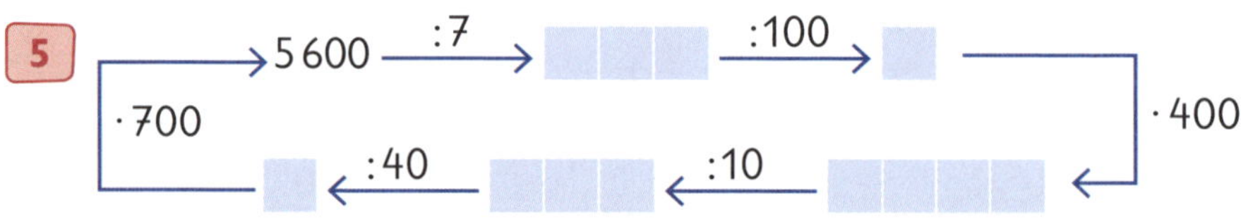

1 und 2: Multiplizieren und Dividieren 3: Aufgaben bilden und lösen
4: Aufgaben zum Ergebnis bilden 5: Rechenkette lösen

1

·	6	60	90
30			
60			
			3 600
50			

:	8	40	100
1 600			
		70	
3 200			
	900		

2

3

40 · 20 – 30 · 10 =

60 · 50 – 40 · 30 =

60 · 30 + 20 · 20 =

70 · 7 + 3 · 80 =

3 500 : 70 – 1 600 : 40 =

5 600 : 80 – 1 800 : 90 =

2 100 : 30 + 4 500 : 50 =

2 400 : 8 + 4 200 : 7 =

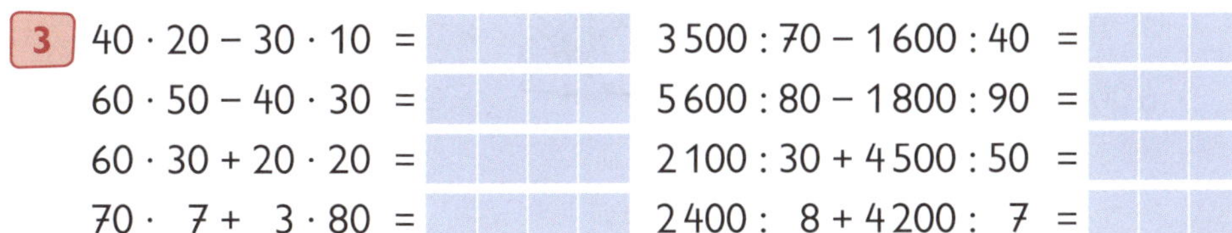

4 Setze das richtige Zeichen: < = >.

30 · 7 + 2 · 40 ◯ 70 · 3

50 · 6 + 3 · 30 ◯ 60 · 7

50 · 3 + 5 · 60 ◯ 90 · 5

9 000 : 3 – 2 000 : 4 ◯ 4 500 : 5

4 200 : 7 – 1 800 : 6 ◯ 9 000 : 3

3 600 : 4 – 2 400 : 8 ◯ 4 200 : 6

5

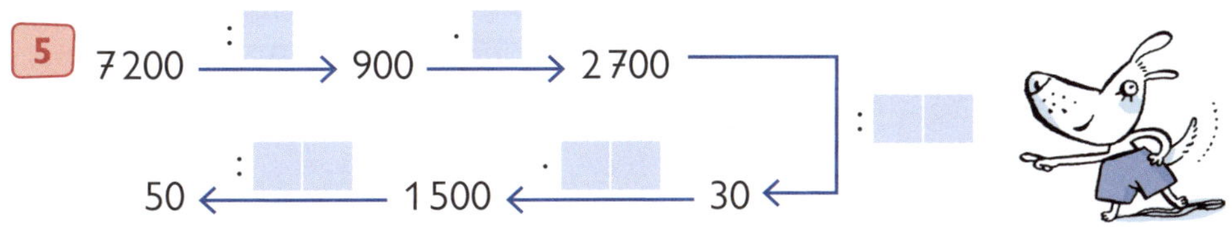

Kilometer – Meter – Zentimeter – Millimeter

1 Miss die Strecken.
Gib die Längen verschieden an.

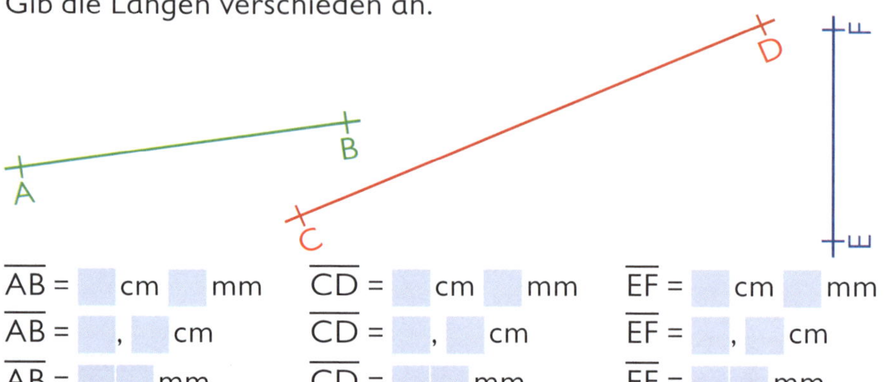

$\overline{AB}$ = ☐ cm ☐ mm	$\overline{CD}$ = ☐ cm ☐ mm	$\overline{EF}$ = ☐ cm ☐ mm
$\overline{AB}$ = ☐, ☐ cm	$\overline{CD}$ = ☐, ☐ cm	$\overline{EF}$ = ☐, ☐ cm
$\overline{AB}$ = ☐☐ mm	$\overline{CD}$ = ☐☐ mm	$\overline{EF}$ = ☐☐ mm

2 Wandle um.

1 500 m = ☐, ☐ km	$\frac{1}{2}$ km = ☐☐☐ m
800 m = ☐, ☐ km	5,4 km = ☐☐☐☐ m
0,6 cm = ☐ mm	8,040 km = ☐ km ☐☐ m
6 000 mm = ☐ m	5,002 km = ☐ km ☐ m
66 m = ☐, ☐☐☐ km	

3 Wandle in die nächstkleinere Einheit um.

7 cm = ________	32 cm = ________	0,5 cm = ________
7 m = ________	12 m = ________	1,35 m = ________
7 km = ________	4,4 km = ________	0,9 km = ________

4 Wandle in die nächstgrößere Einheit um.

40 mm = ________	37 mm = ________	3 mm = ________
40 cm = ________	850 cm = ________	3 cm = ________
40 m = ________	421 m = ________	3 m = ________

1: Strecken messen und Längen verschieden angeben
2 bis 4: Größenangaben umwandeln

1

4 ZT 4 T 8 H 3 Z 4 E =

9 ZT 1 T 0 H 7 Z 1 E =

1 ZT 0 T 5 H 0 Z 9 E =

6 ZT 2 T 3 H 0 Z 0 E =

3 ZT 9 T 9 E =

8 ZT 9 H =

9 ZT 4 E =

7 ZT 6 T =

2

Vorgänger	Zahl	Nachfolger
	43 576	
	62 400	
	71 720	
36 459		
		82 300

3 < oder > ?

28 180 ◯ 27 718

94 098 ◯ 94 809

20 025 ◯ 20 024

49 949 ◯ 49 499

13 609 ◯ 12 999

4 Schreibe zum Zahlwort die richtige Zahl.

siebzigtausendsiebenhundertsechs

achtzigtausendachthundertneunundneunzig

dreiunddreißigtausend

vierundvierzigtausendachthundertfünfundsiebzig

neunzehntausendzehn

5 Schreibe als Summen.

19 542 = 10 000 + 9 000 + 500 + ___ + ___

87 672 = 80 000 + ___ + ___ + ___ + ___

36 094 = ___ + ___ + ___ + ___

10 467 = ___ + ___ + ___ + ___

54 009 = ___ + ___ + ___

6 Ordne die Zahlen. Beginne mit der kleinsten Zahl.

79 482 80 122 79 389 69909

1 Ergänze:

zum nächsten Tausender

56 200 + ___ = 57 000

28 500 + ___ = ___

74 100 + ___ = ___

33 850 + ___ = ___

67 770 + ___ = ___

zum nächsten Zehntausender

37 000 + ___ = 40 000

88 000 + ___ = ___

16 000 + ___ = ___

55 000 + ___ = ___

41 000 + ___ = ___

2 Ordne die Zahlen. Beginne mit der größten Zahl.

29 429 30 010

31 000 30 985

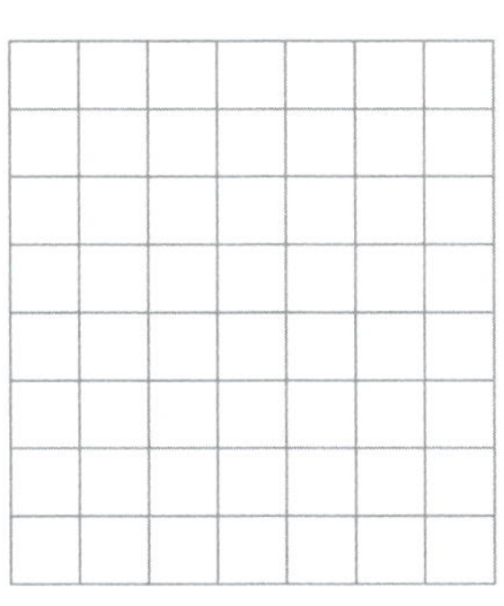

3 Ergänze die Zahlenfolgen.

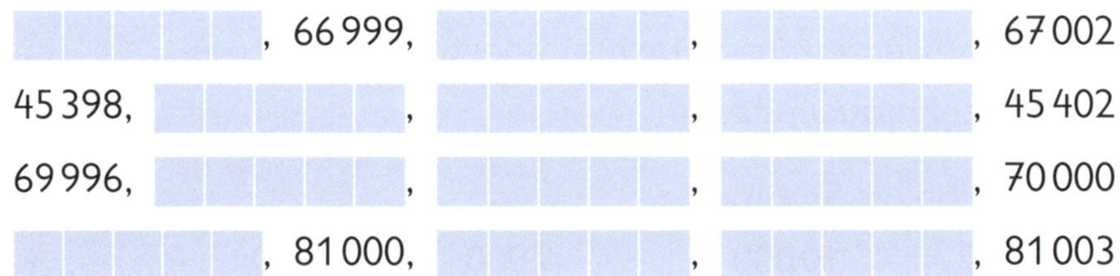

___, 66 999, ___, ___, 67 002

45 398, ___, ___, ___, 45 402

69 996, ___, ___, ___, 70 000

___, 81 000, ___, ___, 81 003

4 Ordne die richtigen Zahlen zu.

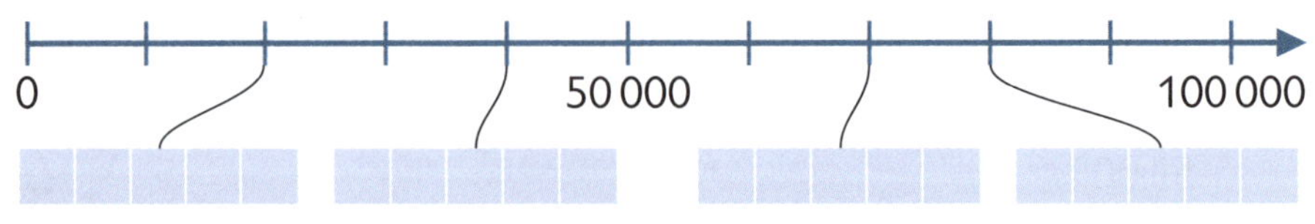

Addiere zu jeder dieser Zahlen 5 000.
Welche Zahlen erhältst du?

1: Zum nächsten Tausender/Zehntausender ergänzen
2: Nach Vorschrift ordnen 3: Zahlenfolgen ergänzen 4: Zahlen zuordnen

Die Zahlen bis 1000000

1 Schreibe als Zahl.

5 HT 4 ZT 8 T 6 H 2 Z 9 E =

7 HT 2 ZT 0 T 3 H 0 Z 5 E =

2 HT 0 ZT 4 T 0 H 0 Z 6 E =

9 HT 5 ZT 0 T 4 H 3 Z 0 E =

2 Zerlege in eine Summe.

463271 = 400000 + 60000 +
3000 + 200 + 70 + 1

525763 =

3 Schreibe zum Zahlwort die richtige Zahl.

dreihundertachttausendzweihundertachtzig

fünfhundertsiebentausenddreihundertzwanzig

neunhunderttausendzweiundvierzig

sechshunderttausendvierhundertfünf

achthunderttausendsechshundertneunzig

4 Ergänze.

zum nächsten Zehntausender

715 000 + ____ = 720 000

641 000 + ____ = ____

476 000 + ____ = ____

288 000 + ____ = ____

zu einer Million

600 000 + ____ = 1 000 000

900 000 + ____ = 1 000 000

500 000 + ____ = 1 000 000

100 000 + ____ = 1 000 000

5 Vervollständige.

599 800
↓
____
↓
600 200
↓
____
↓
600 600
↓
____

1 Ergänze die Zahlenfolgen.

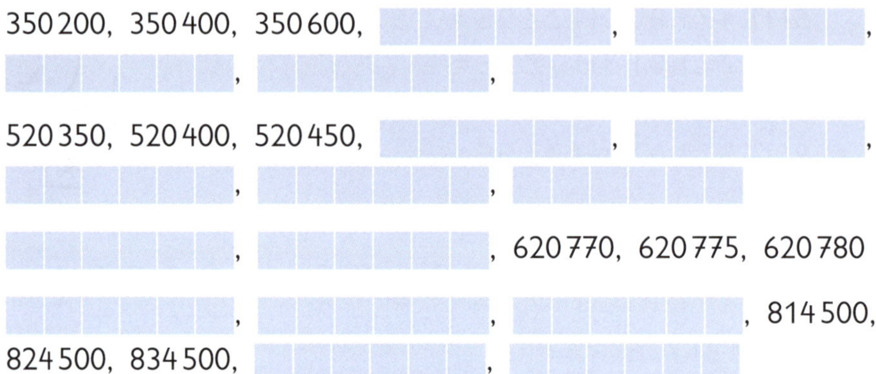

350 200, 350 400, 350 600, ___, ___, ___, ___, ___

520 350, 520 400, 520 450, ___, ___, ___, ___, ___

___, ___, 620 770, 620 775, 620 780

___, ___, ___, 814 500, 824 500, 834 500, ___, ___

2 < oder > ?

18 904	○	18 709	376 541	○	37 651	456 078	○	465 087
72 045	○	72 450	828 208	○	828 209	190 199	○	10 919
26 318	○	2 816	720 824	○	720 482	109 199	○	109 198

3 Gesucht werden:

Nachbar**z**ehn**t**ausender (**NZT**)

NZT	Zahl	NZT
	475 630	
	290 915	
	688 240	
	547 999	

Nachbar**h**undert**t**ausender (**NHT**)

NHT	Zahl	NHT
	367 450	
	780 222	
	234 567	
	765 432	

4 Zahlen gesucht

die kleinste sechsstellige Zahl ___

die größte sechsstellige Zahl ___

die kleinste fünfstellige Zahl ___

die größte fünfstellige Zahl ___

1: Zahlenfolgen vervollständigen 2: Zahlen vergleichen und Relationszeichen setzen
3: Nachbarzehntausender/Nachbarhunderttausender bestimmen 4: Zahlen finden

Näherungswerte – Runden

1 Runde auf **Vielfache von 10**.

783, 115, 222, 2 387, 5 985, 1 048, 78 944, 648 166, 809 405

2 Runde auf **Vielfache von 100**.

398, 590, 96, 7 245, 1 449, 6 055, 455 555, 70 892, 51 143

3 Runde auf **Vielfache von 1 000**.

8 808, 52 097, 10 999, 863 919, 909 099, 420 707

4 Runde auf **Vielfache von 10 000**.

742 413, 649 243, 148 063, 255 222, 548 569, 111 555

5 Ordne den Längen der Eisenbahnstrecken der Länder die passenden Näherungswerte zu.

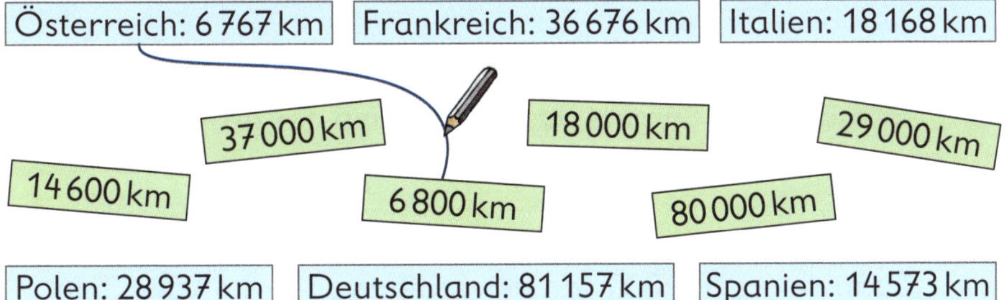

Addieren und Subtrahieren

1

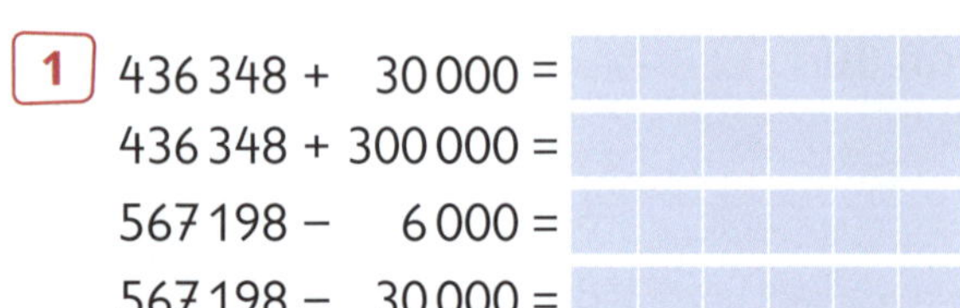

436 348 + 30 000 =

436 348 + 300 000 =

567 198 − 6 000 =

567 198 − 30 000 =

2

+	200	2 000	50 000	400 000
328 216				
240 461				
502 379				

3

−	600	3 000	60 000	500 000
894 689				
778 756				
664 750				

4

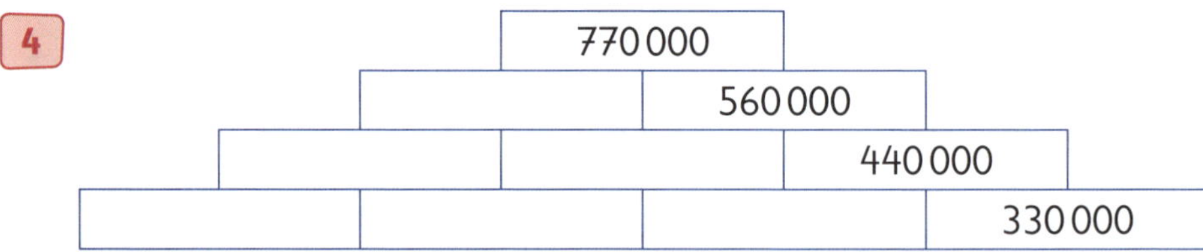

5 Berechne die Differenz aus 788 444 und der kleinsten dreistelligen Zahl.

Berechne die Summe aus 444 001 und der größten zweistelligen Zahl.

Subtrahiere 500 000 von der größten sechsstelligen Zahl.

1: Addieren und Subtrahieren 2 und 3: Addieren und Subtrahieren in Tabellen
4: Rechenmauer lösen 5: Aufgaben finden und lösen

Addieren mit zwei Summanden

1

Ü:	Ü:	Ü:
42615	35679	121298
+ 18436	+ 28047	+ 68407

Ü:	Ü:	Ü:
95286	426088	360457
+ 213042	+ 18766	+ 140653

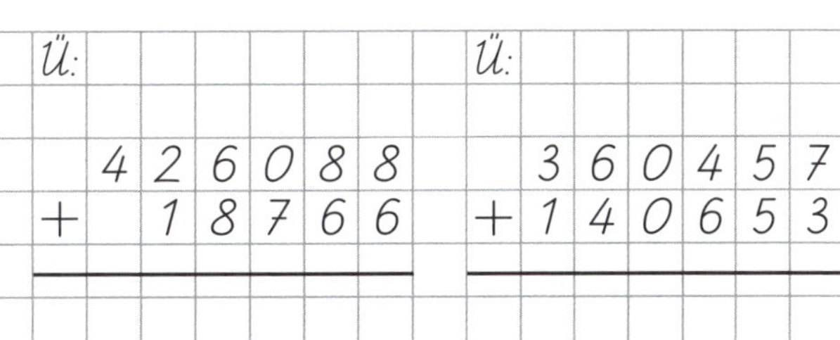

2 Berechne die Summe aus der kleinsten fünfstelligen Zahl und der größten geraden vierstelligen Zahl.

3 Hier haben sich Fehler eingeschlichen. Finde sie und berichtige.

637763	789978	37097
+ 123321	+ 14098	+ 224106
770084	804085	351303

4 Rechne im Kopf oder schriftlich.

25 380 + 2 110

472 520 + 33 333

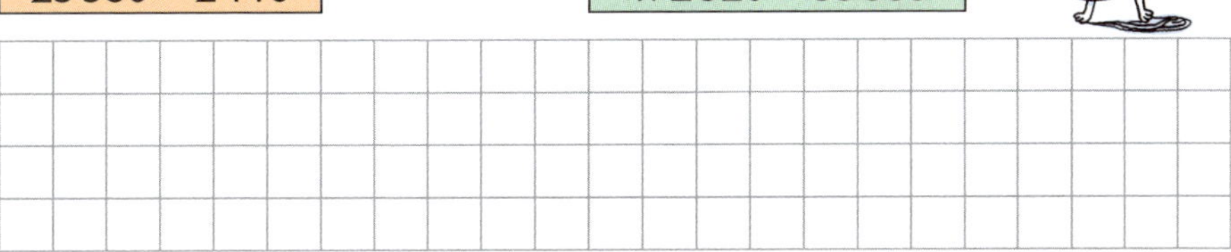

1: Addieren mit Überschlag 2: Aufgabe finden und lösen
3: Fehler finden und korrigieren 5: Addieren

Addieren mit mehr als zwei Summanden

1 Bilde zuerst den Überschlag, addiere dann.

Ü:						
	3	6	2	5	0	0
+			7	8	1	9
+	4	1	2	8	2	7

Ü:						
		7	6	0	5	6
+	7	2	9	8	3	7
+	1	8	7	4	0	5

Ü:						
	2	8	6	3	8	5
+	1	2	3	3	1	2
+	3	1	2	4	5	6

Ü:						
	3	8	9	9	1	7
+	4	8	9	9	1	8
+		3	2	4	5	6

Ü:						
	4	3	6	1	9	5
+		2	1	7	4	3
+		4	2	1	9	2

Ü:						
	1	2	4	5	3	1
+	2	3	6	1	1	4
+	4	4	2	2	5	5

2 Ergänze.

		8	6	5	0	
+		5	4		2	3
+	6			7		7
	7	5	1	5	0	8

	3		2	7		6
+		1	4	0	3	
+		5			2	2
		2	7	0	2	9

	1	8		4	2	9
+		1	3		3	2
+	2	1	3	8		4
	6		0	4	7	

3 Überschlage und setze dann das richtige Zeichen: < oder >.

Ü: ______________________________

27 428 + 13 215 + 30 244 ◯ 75 000

Ü: ______________________________

9 733 + 38 192 + 40 289 ◯ 100 000

Ü: ______________________________

127 980 + 220 270 + 351 267 ◯ 700 000

1: Addieren mit Überschlag 2: Fehlende Ziffern finden
3: Überschlagen und Relationszeichen setzen

Subtrahieren mit einem Subtrahenden

1

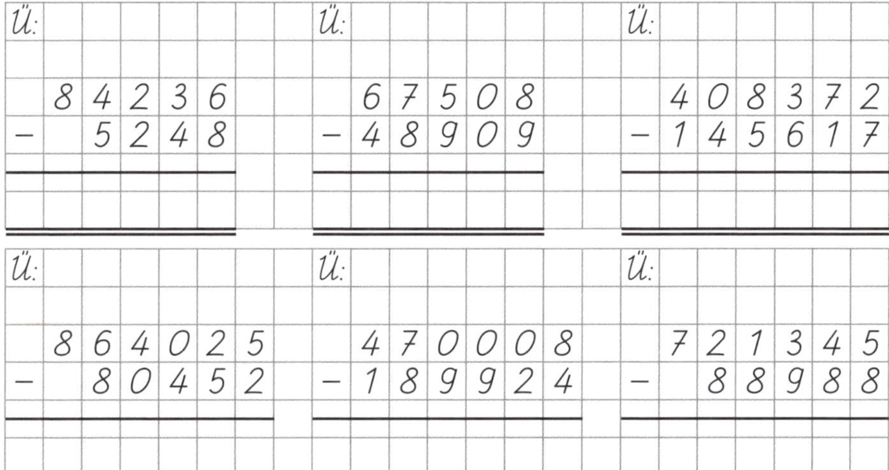

2

56 817 − 26 718

998 075 − 89 057

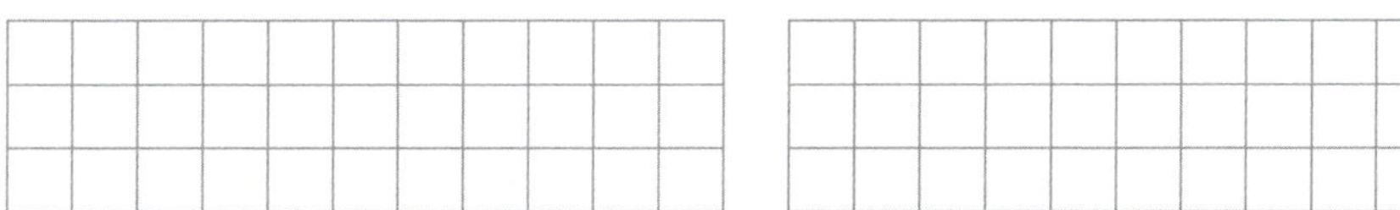

158 817 − 126 781

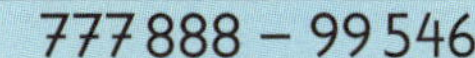
777 888 − 99 546

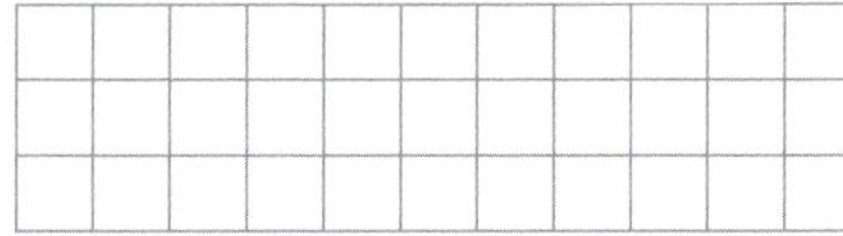

3 Im vergangenen Jahr wurde Spielzeug für 930 765 € verkauft.
Das waren 87 819 € mehr als in diesem Jahr.

Frage: ____________________

Aufgabe:

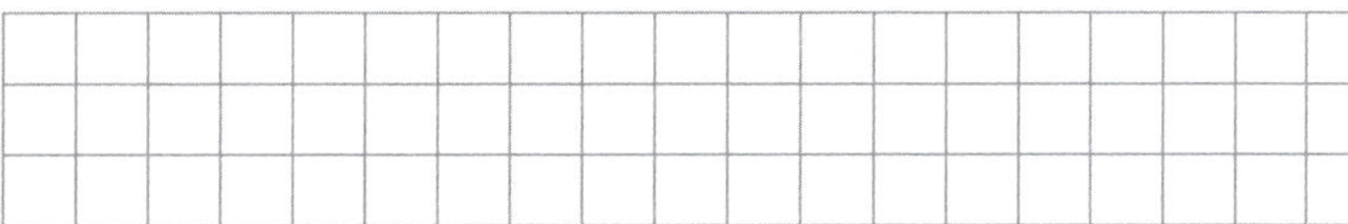

Antwort: ____________________

1 und 2: Subtrahieren mit Überschlag
3: Inhalt erfassen, Frage stellen, Aufgabe finden, lösen und im Satz antworten

Subtrahieren mit zwei Subtrahenden

1

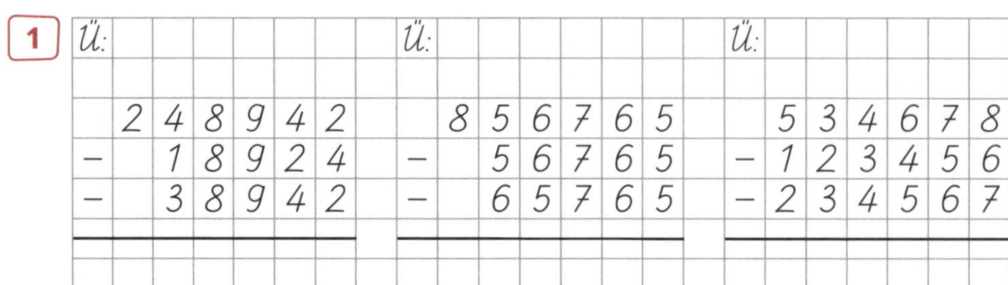

Ü:
248942
− 18924
− 38942

Ü:
856765
− 56765
− 65765

Ü:
534678
− 123456
− 234567

2 Überschlage zuerst.
Schreibe dann stellengerecht untereinander.

25 787 − 1 837 − 8 905

325 784 − 31 837 − 38 905

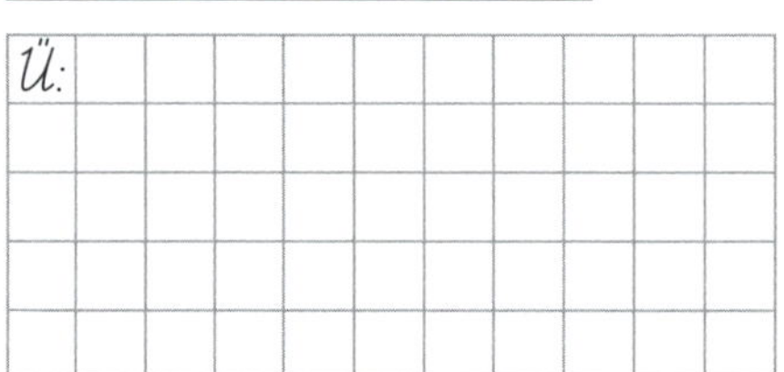

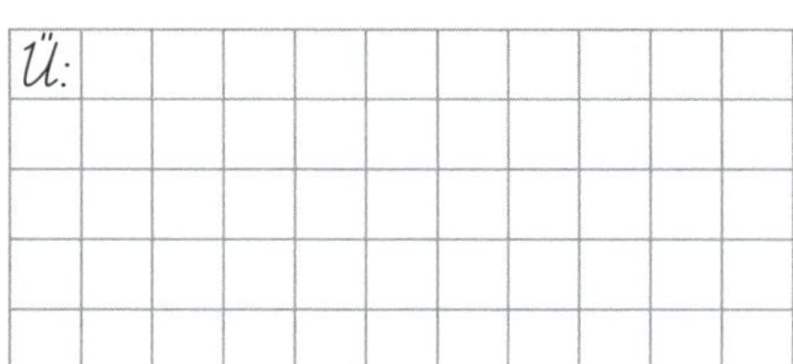

805 150 − 406 160 − 105 105

943 210 − 5 372 − 47 609

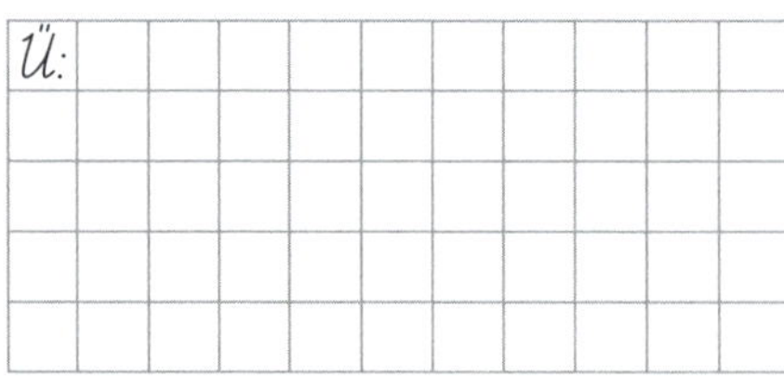

3 Hier war der Fehlerteufel. Berichtige.

	6	5	8	2	1	8
−	1	8	5	8	1	2
−		6	2	0	1	7
	5	0	0	2	8	9

	8	5	8	2	1	8
−		1	8	5	8	2
−	2	0	4	5	2	9
	4	3	5	2	1	7

	4	7	4	7	4	7
−	1	8	3	3	8	1
−		9	0	9	0	9
	3	0	0	3	7	4

1 und 2: Subtrahieren mit Überschlag
3: Fehler korrigieren

Gleichungen – Ungleichungen

1

$3760 + 640 = x$
x = ▢▢▢▢

$24618 + 1332 = y$
y = ▢▢▢▢▢

$12650 + z = 12875$
z = ▢▢▢

$76823 + n = 77000$
n = ▢▢▢

2 $5876 - 2426 = m$
m = ▢▢▢▢

$95766 - 4546 = g$
g = ▢▢▢▢▢

$62480 - s = 61120$
s = ▢▢▢▢

$77653 - p = 51221$
p = ▢▢▢▢▢

Rechne hier:

3 Schreibe alle Zahlen auf, die du für x einsetzen kannst.

$5798 + x < 5804$

x =

$3004 - x > 2999$

x =

4 Gib die kleinste und die größte Zahl an, die du für y einsetzen kannst.

$3988 + y < 4008$ y = ▢ y = ▢▢

1 und 2: Gleichungen mündlich oder schriftlich lösen 3: Alle Zahlen angeben, die die Ungleichung erfüllen 4: Die größte und die kleinste Zahl angeben, die die Ungleichung erfüllen

Daten in Tabellen und Diagrammen

1 Verbrauch von Lebensmitteln pro Person an einem Tag

Obst	Milch	Gemüse	Fleisch
300 g	170 g	240 g	250 g

Rechne hier:

a) Wie viel Gramm dieser Lebensmittel werden insgesamt pro Tag verbraucht?

___ g

b) Wie viel Gramm dieser Lebensmittel werden pro Tag verbraucht?

von 2 Personen: ___ g

von 5 Personen: ___ g

von 4 Personen: ___ g

von 10 Personen: ___ g

2 Die Flugstrecken einiger Zugvögel

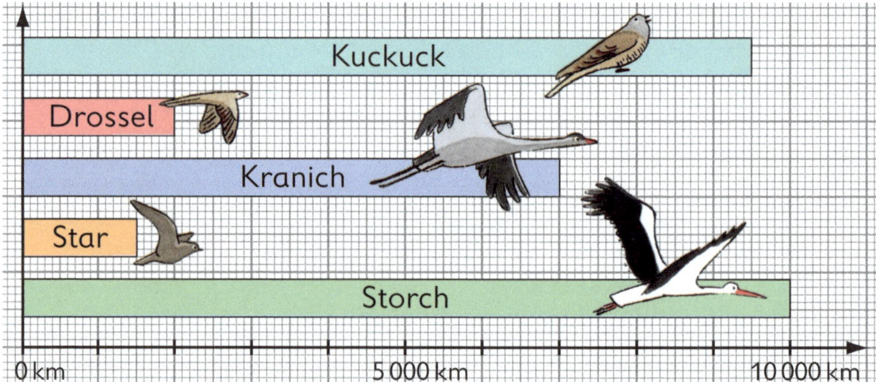

Gib die Längen der Flugstrecken für jeden Vogel an.

Kuckuck	Drossel	Kranich	Star	Storch
km	km	km	km	km

Welcher Vogel fliegt die längste Strecke, die kürzeste Strecke?

___ ___ km ___ ___ km

1: Gesamtgewicht für 1/2/4/5/10 Personen berechnen 2: Länge der Flugstrecken ablesen und in die Tabelle eintragen; längste/kürzeste Strecke bestimmen

Sachaufgaben – Besondere Wörter

1 Die Fahrstrecke von Leipzig nach Rostock ist 448 km lang.
Wegen Bauarbeiten verlängert sich die Strecke um 37 km.
Wie viel Kilometer ist Herr Kunze gefahren, wenn er wieder in Leipzig ankommt?

Aufgabe:

Antwort: ______________________________

2 Die Urlaubsreise für einen Erwachsenen kostet 1 248 €.
Kinder bis 14 Jahre bekommen die Reise zum halben Preis.
Wie viel muss Herr Freund für sich, seine Frau und seine Tochter insgesamt bezahlen?

Aufgabe:

Antwort: ______________________________

3 Familie Lange kauft Schuhe. Die Schuhe für Finn kosten 49 €.
Die Schuhe für den Vati kosten doppelt so viel.
Für die Schuhe der Mutti müssen sie so viel bezahlen wie für die Schuhe von Finn und für die Schuhe von Vati zusammen.

Wie viel kosten die Schuhe für die Mutti?

Aufgabe:

Antwort: ______________________________

Parallelen – Senkrechte – rechte Winkel

1 Überprüfe, welche Geraden zueinander parallel sind.

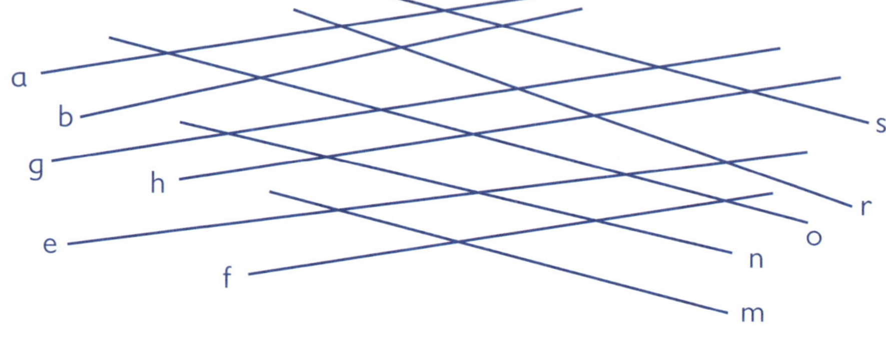

parallel zueinander sind: ______________________

parallel zueinander sind: ______________________

2 Zeichne die Parallelen rot und die Senkrechten blau ein.
Der Abstand zwischen den Linien soll gleich bleiben.

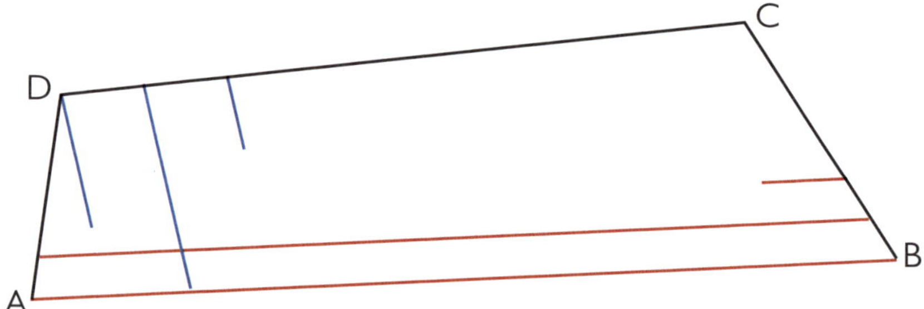

3 Kennzeichne alle rechten Winkel in den Figuren so:

a)

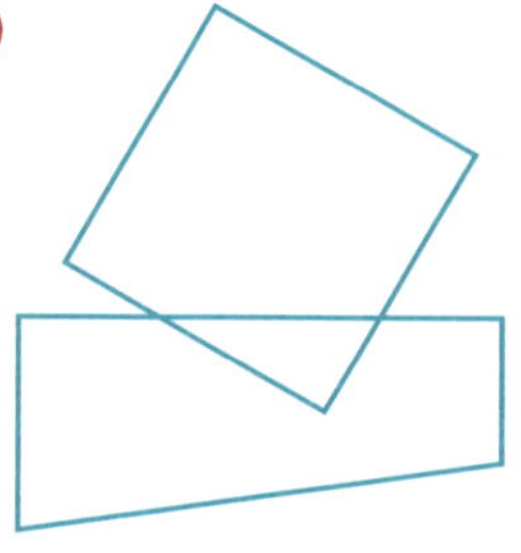

b)

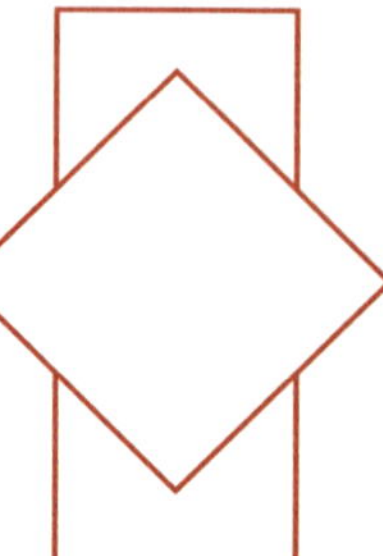

c)

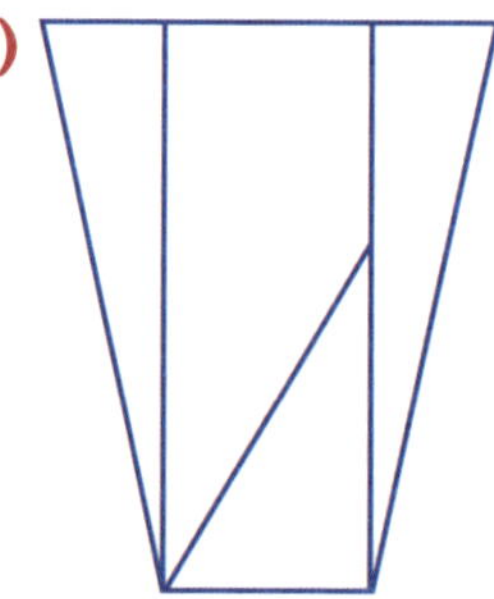

1: Parallelen erkennen und benennen 2: Parallelen und Senkrechte mit gleichem Abstand einzeichnen 3: Rechte Winkel erkennen und kennzeichnen

Kilogramm – Gramm

1

600 g + ___ g = 1 kg
300 g + ___ g = 1 kg
550 g + ___ g = 1 kg
770 g + ___ g = 1 kg

950 g + ___ g = 1 kg
180 g + ___ g = 1 kg
740 g + ___ g = 1 kg
90 g + ___ g = 1 kg

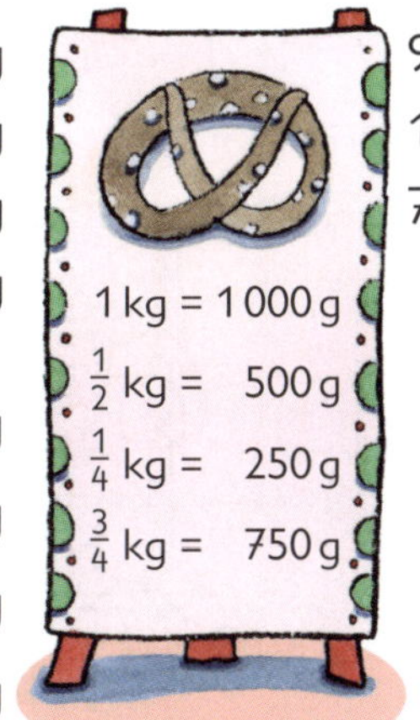

2

1 kg = 430 g + ___ g
1 kg = 60 g + ___ g
1 kg = 10 g + ___ g
1 kg = 250 g + ___ g

1 kg = $\frac{1}{2}$ kg + ___ g
1 kg = $\frac{1}{4}$ kg + ___ g
1 kg = 5 g + ___ g
1 kg = 1 g + ___ g

3 Was gehört zusammen?

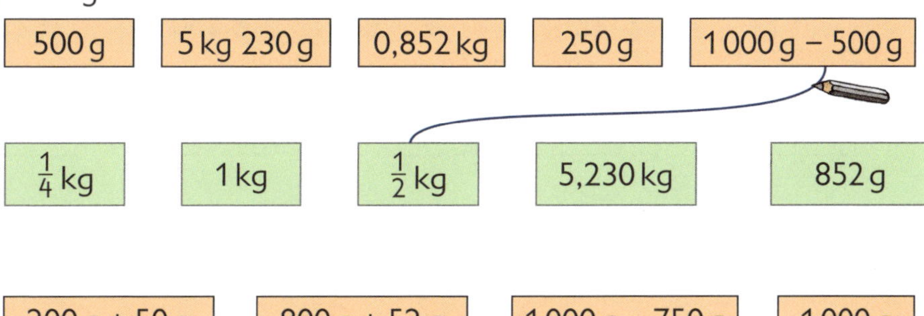

500 g | 5 kg 230 g | 0,852 kg | 250 g | 1 000 g – 500 g

$\frac{1}{4}$ kg | 1 kg | $\frac{1}{2}$ kg | 5,230 kg | 852 g

200 g + 50 g | 800 g + 52 g | 1 000 g – 750 g | 1 000 g

4 Möglich oder unmöglich? Kreuze an.

		Möglich	Unmöglich
Max:	Mein Vati wiegt 78,520 kg.		
Lisa:	Mein Hamster wiegt 8,3 kg.		
Ben:	Mein Fahrrad wiegt 18 kg 450 g.		
Anna:	Meine Puppe wiegt $\frac{1}{2}$ kg.		
Tom:	Ich wiege 37 kg und 250 g.		
Maria:	Meine Katze wiegt 1 750 g.		

1 und 2: Bis zu 1 kg ergänzen bzw. 1 kg zerlegen in Gramm 3: Gleiche Massen verbinden
4: Aussagen auf „möglich“ oder „unmöglich“ überprüfen

Tonne – Kilogramm

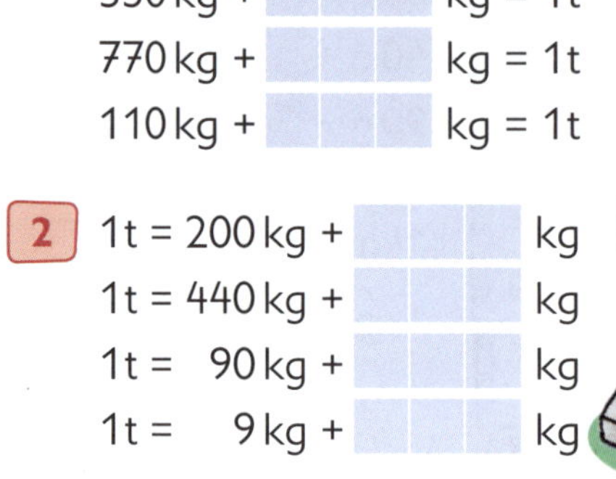

1

500 kg + ___ kg = 1 t
350 kg + ___ kg = 1 t
770 kg + ___ kg = 1 t
110 kg + ___ kg = 1 t

450 kg + ___ kg = 1 t
880 kg + ___ kg = 1 t
20 kg + ___ kg = 1 t
80 kg + ___ kg = 1 t

2

1 t = 200 kg + ___ kg
1 t = 440 kg + ___ kg
1 t = 90 kg + ___ kg
1 t = 9 kg + ___ kg

1 t = ___ kg + 930 kg
1 t = ___ kg + 995 kg
1 t = ___ kg + 510 kg
1 t = ___ kg + 140 kg

3 Was gehört zusammen? Färbe mit gleicher Farbe.

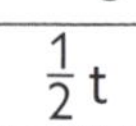

$\frac{1}{2}$ t	3 t 400 kg	760 kg	8,230 t	0,250 t
0,760 t	$\frac{1}{4}$ t	3,400 t	500 kg	8230 kg
1 t – 500 kg	3 000 kg + 400 kg	8 t 230 kg	1 t – 240 kg	

4

9,135 t = ___ kg
5,068 t = ___ kg
2,006 t = ___ kg
0,937 t = ___ kg
0,064 t = ___ kg

4 350 kg = ___ , ___ t
2 090 kg = ___ , ___ t
7 002 kg = ___ , ___ t
655 kg = ___ , ___ t
74 kg = ___ , ___ t

5 Setze das richtige Zeichen: < = >.

3,709 t ◯ 3 790 kg
5,560 t ◯ 5 600 kg

0,892 t ◯ 892 kg
0,640 t ◯ 580 kg

1,056 t ◯ 560 kg
2,009 t ◯ 2 010 kg

1 und 2: Ergänzen zu 1 t bzw. 1 t zerlegen 3: Gleichwertige Angaben erkennen und färben
4: Umwandeln 5: Relationszeichen setzen

Liter – Milliliter

1

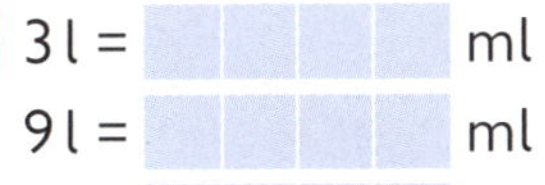

3 l = ___ ml		400 ml + ___ ml = 1 l	
9 l = ___ ml		670 ml + ___ ml = 1 l	
4 l = ___ ml		810 ml + ___ ml = 1 l	
8 l = ___ ml		140 ml + ___ ml = 1 l	

1 l = 1 000 ml
$\frac{1}{2}$ l = 500 ml
$\frac{1}{4}$ l = 250 ml
$\frac{3}{4}$ l = 750 ml

2

1,5 l = ___ ml	3,2 l + ___ ml = 4 l
7,8 l = ___ ml	4,5 l + ___ ml = 5 l
0,9 l = ___ ml	6,8 l + ___ ml = 7 l
0,4 l = ___ ml	1,9 l + ___ ml = 2 l

3

4,255 l = ___ ml	6 l + 300 ml = ___ ml
7,530 l = ___ ml	8 l + 500 ml = ___ ml
8,064 l = ___ ml	3 l + 300 ml = ___ ml
9,002 l = ___ ml	5 l + 900 ml = ___ ml

4 Setze das richtige Zeichen: $<$ $=$ $>$.

0,9 l ◯ 1,00 l	$\frac{1}{2}$ l ◯ 250 ml	1,8 l ◯ 900 ml
3,8 l ◯ 3,79 l	$\frac{1}{4}$ l ◯ 300 ml	7,5 l ◯ 8 100 ml
6,5 l ◯ 7,12 l	3 l ◯ 2 990 ml	9,3 l ◯ 9 300 ml
0,7 l ◯ 1,22 l	8 l ◯ 8 100 ml	0,4 l ◯ 2 000 ml

5 Ordne die Zahlen. Beginne mit der größten Angabe.

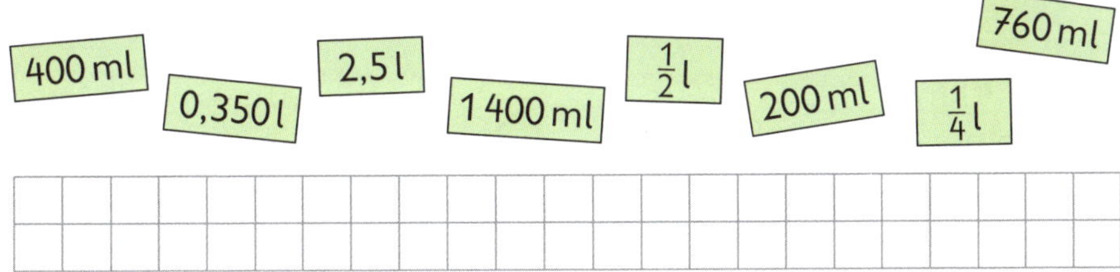

Größenangaben in Kommaschreibweise

1 Überschlage zuerst und rechne dann.

3,48 € + 0,45 €

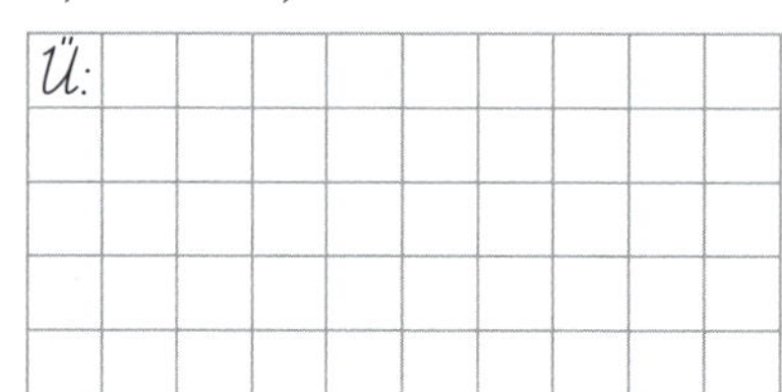

247,50 € – 205,05 €

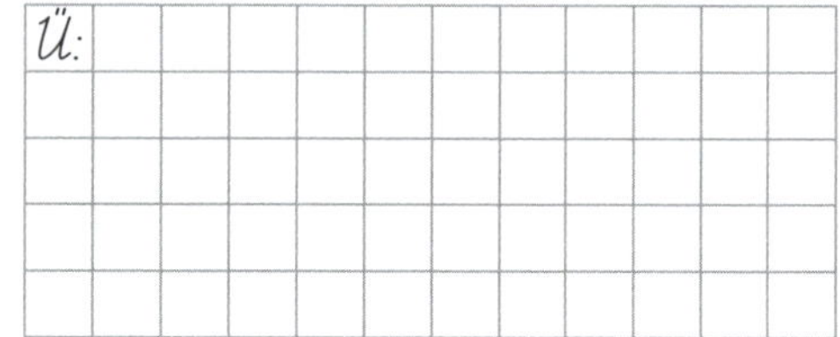

6,48 m + 0,54 m

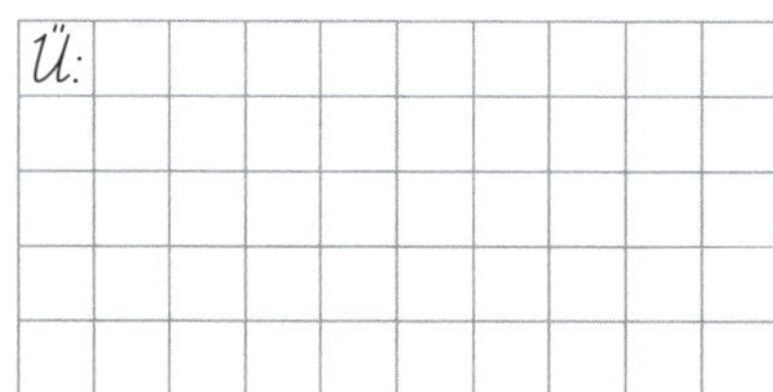

236,84 km – 98,56 km

6,571 l + 2,268 l

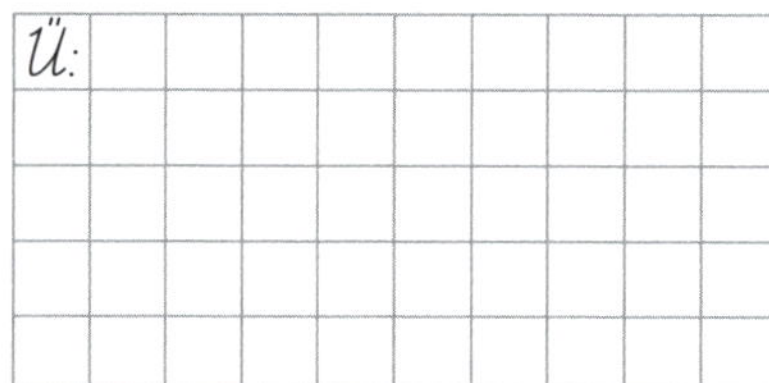

347,50 l – 209,014 l

9,689 t + 2,350 t

8,957 t – 4,218 t

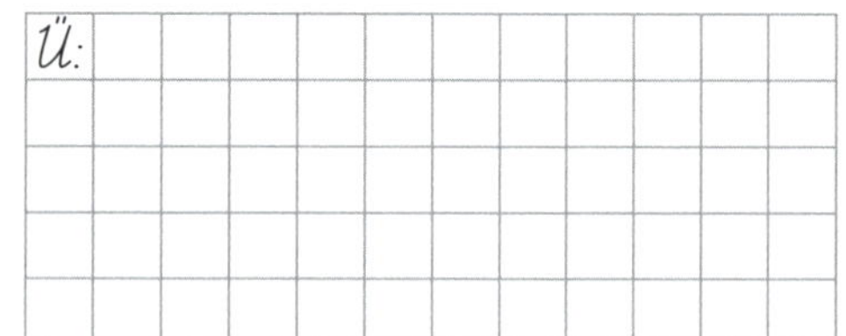

2

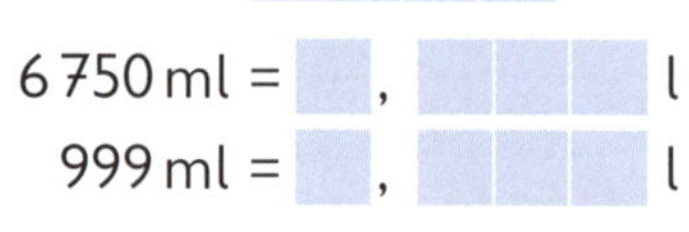

7,4 km = ____ m

3,8 m = ____ cm

6 750 ml = __ , ___ l

999 ml = __ , ___ l

8 300 g = __ , ___ kg

950 g = __ , ___ kg

5,833 t = ____ kg

0,093 t = ____ kg

1: Zuerst Überschlagen, dann Addieren/Subtrahieren
2: Umrechnen in die gegebene Einheit

1 In der Figur sind insgesamt 10 Vierecke versteckt.

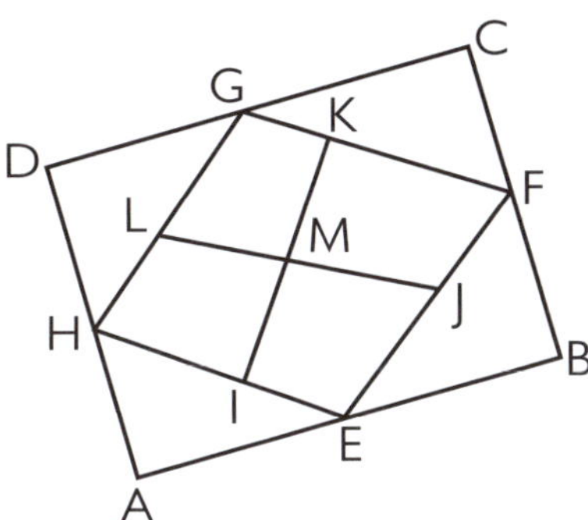

ABCD;

2 In dieser Figur haben sich insgesamt 6 Dreiecke versteckt.

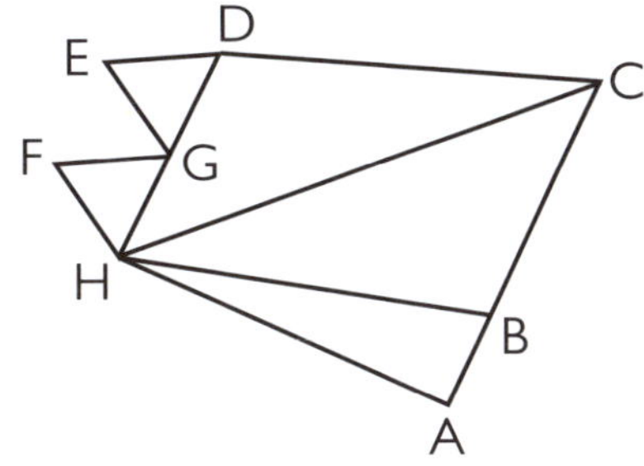

HFG;

3 Zeichne ein Dreieck so dazu, dass immer ein Parallelogramm entsteht.

a)

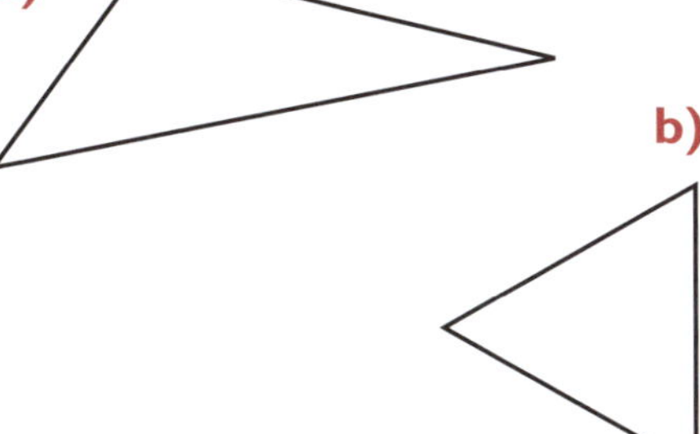

b)

c)

4 Zeichne Geraden so ein, dass jede Figur in zwei Dreiecke und zwei Vierecke zerlegt wird.

a)

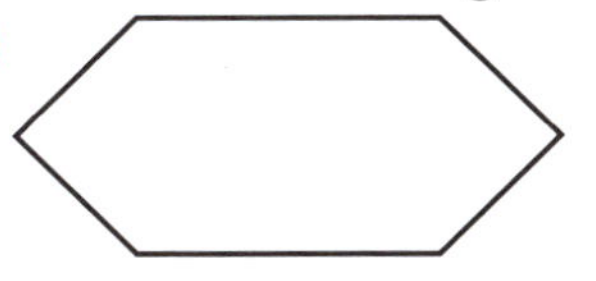

b)

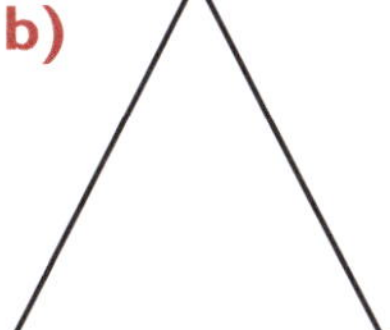

c)

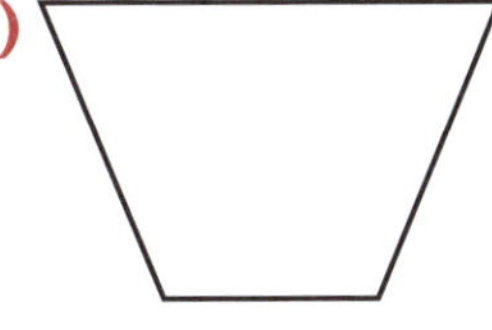

Zeichnen von Vierecken

1 **a)** Zeichne ein Rechteck mit den Seitenlängen 8 cm und 3 cm.
b) Zeichne zwei Geraden so ein, dass vier gleich große Rechtecke entstehen.

2 Zeichne in das Quadrat ABCD ein Quadrat, dessen Seiten halb so lang sind.

3 Vervollständige zum Parallelogramm mit Seiten von 5 cm und 3 cm Länge.

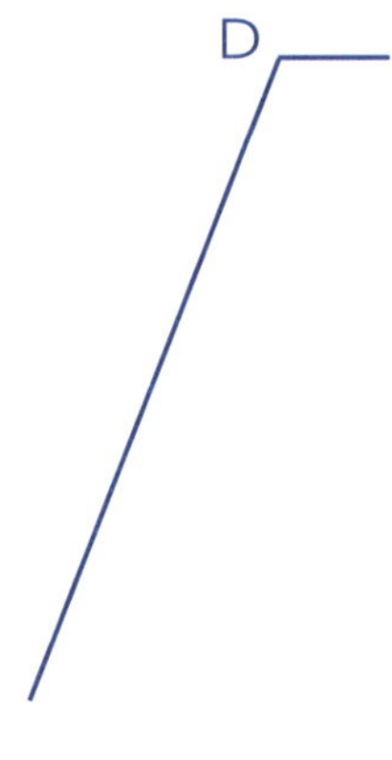

4 Ergänze zum Trapez mit den Seiten $\overline{AB} = 7$ cm und $\overline{CD} = 4$ cm.

A

1 Zeichne um M Kreise mit:

a) r = 10 mm
b) r = 15 mm
c) r = 20 mm

×
M

2 Zeichne um jeden Eckpunkt des Rechtecks einen Kreis. Beginne mit Punkt A. Die Kreise um die Punkte A und B haben einen Durchmesser von jeweils 2,8 cm. Der Durchmesser der Kreise um die Punkte C und D soll doppelt so groß sein.

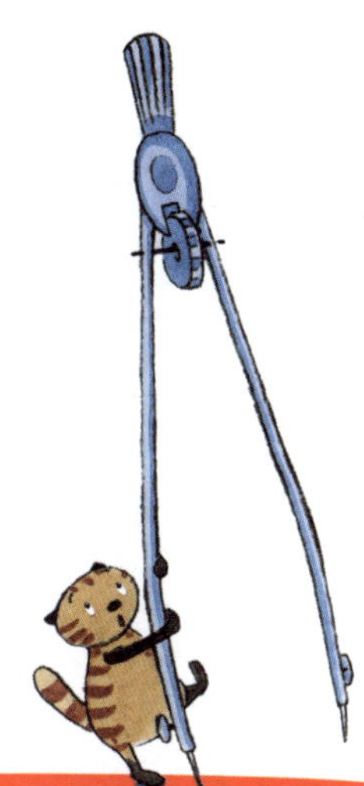

3 Rechne um.

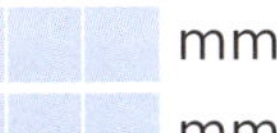

r = 6,4 cm	r = ___ cm ___ mm	r = ___ mm
r = 0,86 m	r = ___ cm	r = ___ mm
d = 2,60 m	d = ___ cm	d = ___ mm
d = 0,08 m	d = ___ cm	d = ___ mm

1: Kreise mit dem gegebenen Radius zeichnen
2: Kreise nach Vorgabe zeichnen 3: Umrechnen

Vielfache und Teiler

1 Welche Zahlen gehören nicht in das Haus? Streiche sie durch.

2 Hier haben sich Zahlen eingeschlichen, die nicht in die Zahlentruhe gehören. Streiche sie durch.

3 Schreibe drei Zahlen auf,

die den Teiler 7 haben:

die den Teiler 5 haben:

die den Teiler 10 haben:

1: Zahlen erkennen, die nicht die gegebenen Teiler haben
2: Zahlen erkennen, die nicht Vielfache der gegebenen Zahlen sind
3: Jeweils 3 Zahlen für den angegebenen Teiler finden

1

362 · 10 =

4325 · 10 =

17406 · 10 =

453 · 100 =

2176 · 100 =

30246 · 100 =

314 · 1000 =

5627 · 1000 =

72194 · 1000 =

2

3 · 420 =

3 · 400 =

3 · 20 =

\+ =

6 · 3400 =

· =

· =

\+ =

3

91000 · 7 =

· =

· =

\+ =

5 · 53000 =

· =

· =

\+ =

1: Mündliches Multiplizieren
2 und 3: Halbschriftliches Multiplizieren

Dividieren

1

360 : 4 =

3 600 : 4 =

36 000 : 4 =

360 000 : 4 =

540 : 6 =

5 400 : 6 =

54 000 : 6 =

540 000 : 6 =

2

2 400 : 8 =

2 400 : 80 =

2 400 : 800 =

63 000 : 7 =

63 000 : 70 =

63 000 : 700 =

3

2	5	6	0	:	4	0	=		
2	4	0	0	:	4	0	=		
	1	6	0	:	4	0	=		
				+			=		

4	3	8	0	:	6	0	=		
				:	6	0	=		
				:	6	0	=		
				+			=		

3	0	4	0	0	:	4	0	0	=		
					:	4	0	0	=		
					:	4	0	0	=		
					+				=		

3	8	7	0	:	9	0	=		
				:			=		
				:			=		
				+			=		

7	3	6	0	0	:	8	0	0	=		
					:	8	0	0	=		
					:	8	0	0	=		
					+				=		

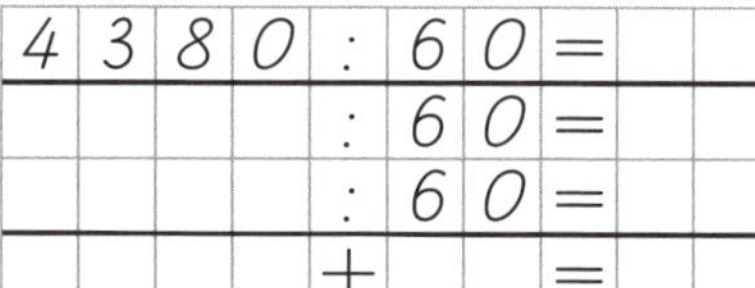

4 Bilde Divisionsaufgaben und löse sie.

Berechne den Quotienten aus 25 600 und 40.

Der Divisor ist 800, der Dividend das Hundertfache von 4 920.

Der Dividend ist die Summe aus 7 200 und 2 400.
Der Divisor ist 40.

1 und 2: Mündliches Dividieren 3: Halbschriftliches Dividieren
4: Inhalt verstehen, Aufgaben finden und lösen

Multiplizieren mehrstelliger mit einstelligen Zahlen

1 Überschlage zuerst, multipliziere dann.

Ü: 322 · 4

Ü: 2133 · 2

Ü: 23233 · 3

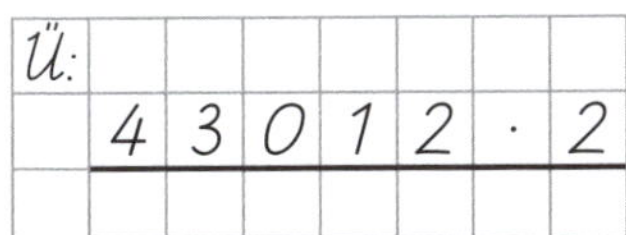
Ü: 43012 · 2

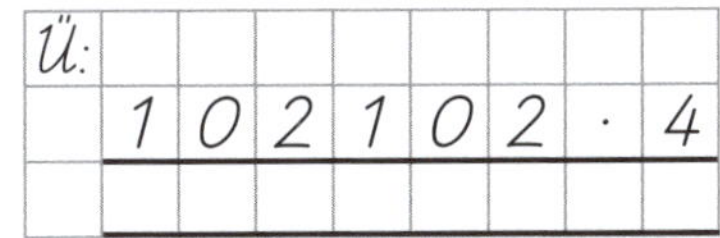
Ü: 102102 · 4

2

Ü: 215 · 4

Ü: 1064 · 2

Ü: 10807 · 7

Ü: 434 · 5

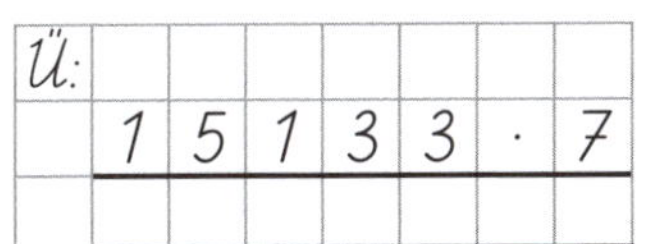
Ü: 15133 · 7

Ü: 5432 · 6

3 Ergänze.

6	4	8	·	8
	5		8	

4	5	1	6	·	7
	3	1			2

2		4	6	·	4
		9	3		4

4 Finde die Fehler und berichtige sie.

7	8	4	·	6
	4	6	0	4

4	6	3	5	·	5
	2	2	1	8	5

4	0	7	9	·	3
	1	2	2	4	6

5 Die Faktoren sind die Zahlen 9 und 3647.
Berechne das Produkt.

1: Überschlagen und Multiplizieren ohne Übertrag 2: Überschlagen und Multiplizieren mit Übertrag 3: Fehlende Ziffern finden 4: Fehler finden und korrigieren 5: Aufgabe bilden und lösen

Multiplizieren mit Zehner- und Hunderterzahlen

1

Ü: 73 · 40

Ü: 274 · 60

Ü: 3420 · 90

Ü: 2127 · 80

Ü: 20314 · 30

2

Ü: 784 · 500

Ü: 648 · 700

Ü: 999 · 400

Ü: 707 · 600

3 Der Baumarkt hat 80 Paletten mit je 364 Wegeplatten ausgeliefert.

Frage:

Aufgabe:

Antwort:

4 Der Großmarkt erhält eine Lieferung von 300 Kartons mit Ananasbüchsen. Jeder Karton enthält 176 Büchsen.

Frage:

Aufgabe:

Antwort:

1 und 2: Überschlagen und Multiplizieren mit Zehner- bzw. Hunderterzahlen
3 und 4: Inhalt erfassen, Fragen formulieren, Aufgaben finden, lösen und im Satz antworten

Punkt- und Strichrechnung in einer Aufgabe

1 13 · 40 + 15 · 30 =

13 · 40 =

15 · 30 =

\+ =

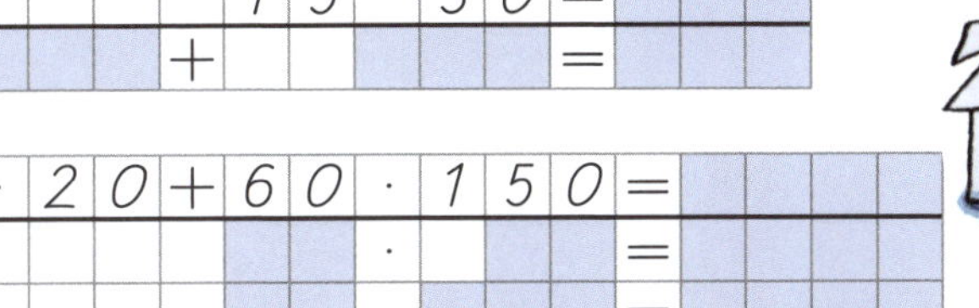

25 · 20 + 60 · 150 =

· =

· =

\+ =

2 579 − 25 · 20 =

=

=

43 · 90 − 435 =

52 · 70 + 369 =

3 (789 − 344) · 6 =

=

=

(4275 + 225) · 30 =

(6482 + 1744) · 5 =

Multiplizieren mehrstelliger mit zweistelligen Zahlen

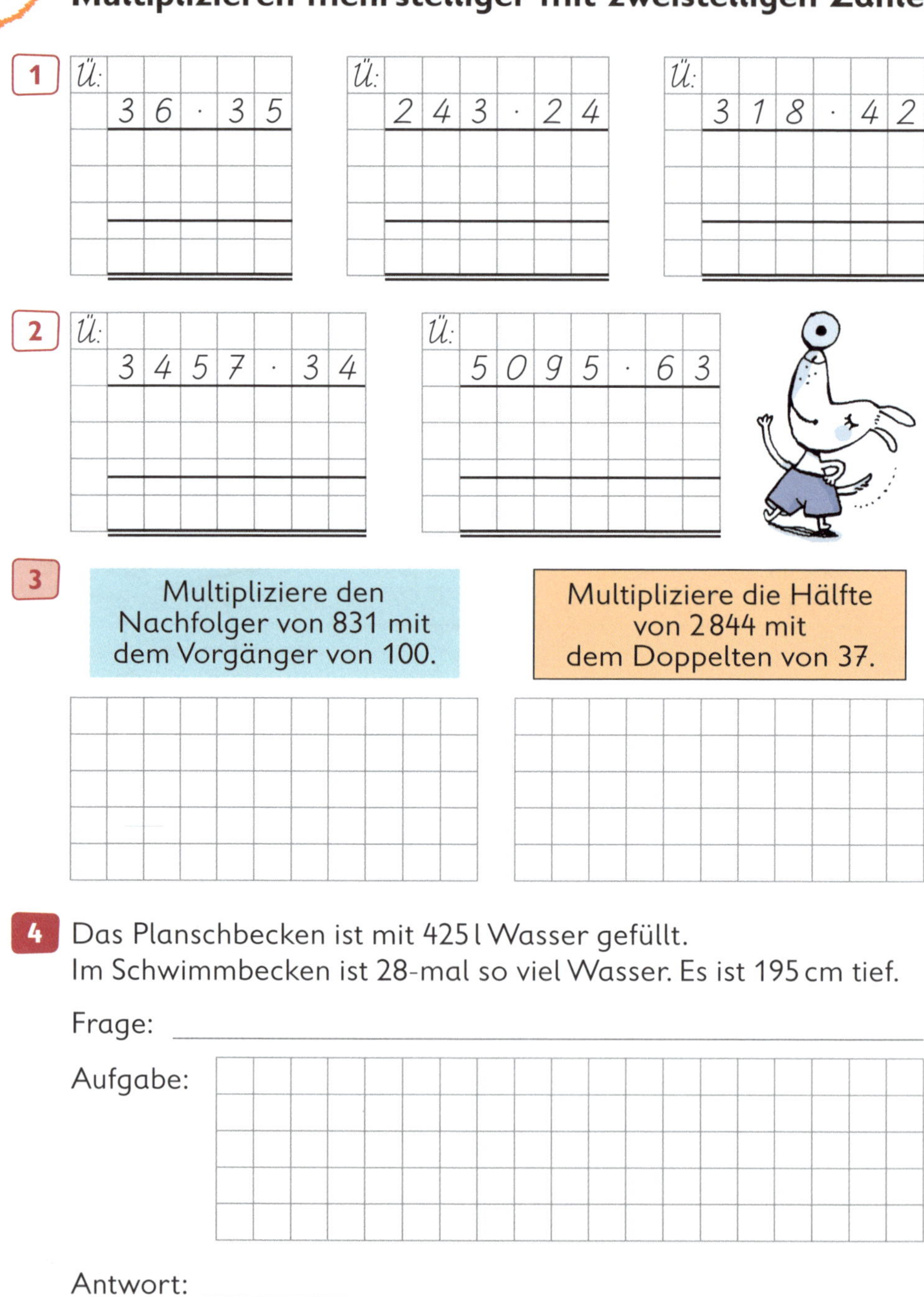

1

Ü: 36 · 35

Ü: 243 · 24

Ü: 318 · 42

2

Ü: 3457 · 34

Ü: 5095 · 63

3

Multipliziere den Nachfolger von 831 mit dem Vorgänger von 100.

Multipliziere die Hälfte von 2 844 mit dem Doppelten von 37.

4 Das Planschbecken ist mit 425 l Wasser gefüllt.
Im Schwimmbecken ist 28-mal so viel Wasser. Es ist 195 cm tief.

Frage: ____________________

Aufgabe:

Antwort: ____________________

1 und 2: Überschlagen und schriftliches Multiplizieren 3: Inhalt erfassen, Aufgaben finden und lösen
4: Zum Inhalt eine passende Frage finden, Aufgabe bilden, lösen und im Satz antworten

Multiplizieren mit dreistelligen Zahlen

1

362 · 354

438 · 242

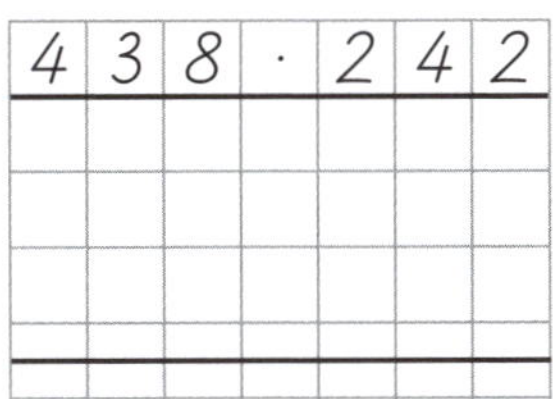

318 · 409

2

357 · 444

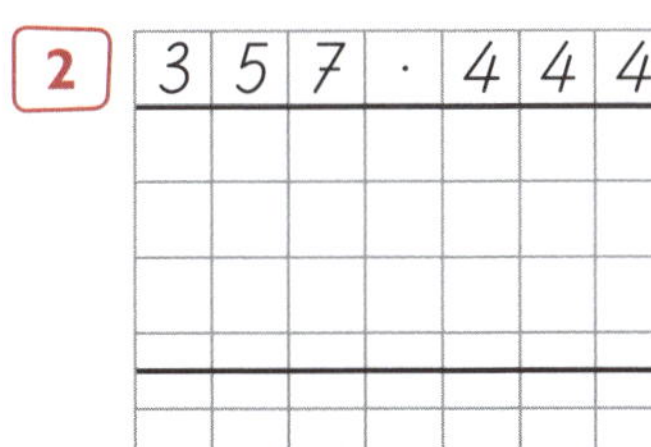

505 · 632

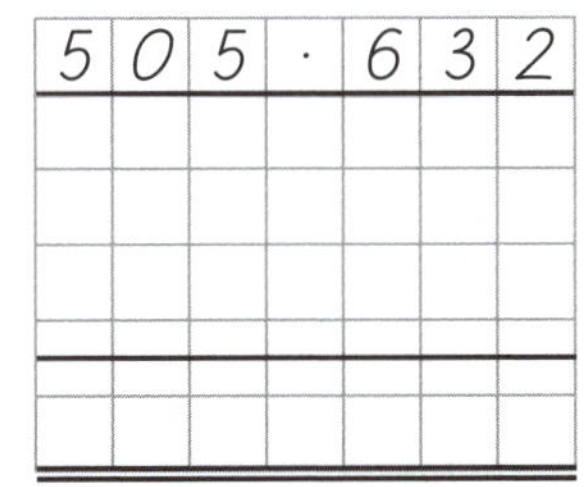

706 · 208

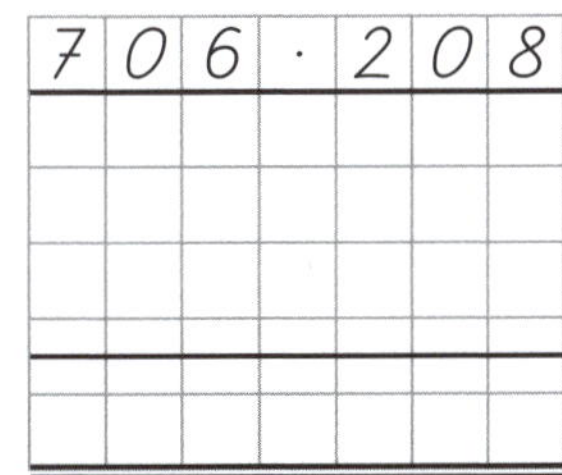

3

Multipliziere den Vorgänger von 530 mit der Hälfte von 350.

Multipliziere das Zweifache von 244 mit dem Dreifachen von 111.

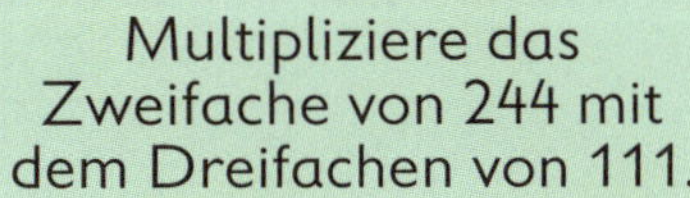

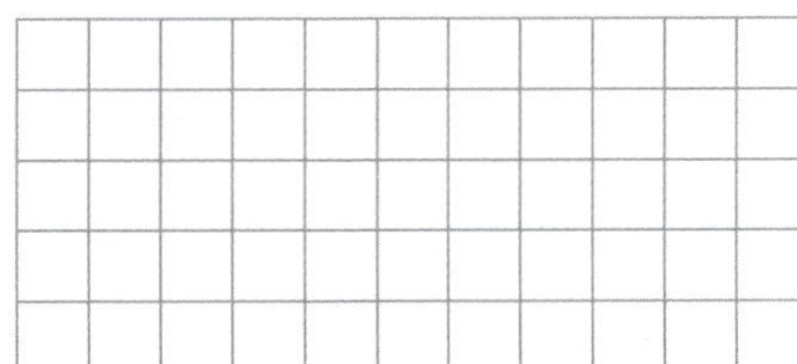

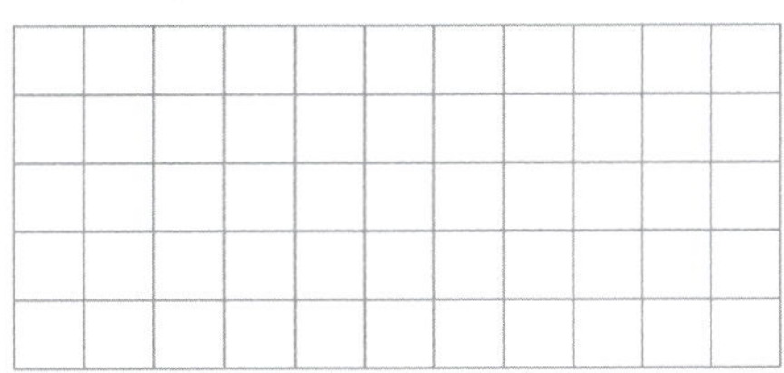

4 Eine Fabrik für Rechner montiert täglich 894 Rechner.
Die Produktion ist für 255 Tage vorgesehen.

Frage: ______________________________

Aufgabe:

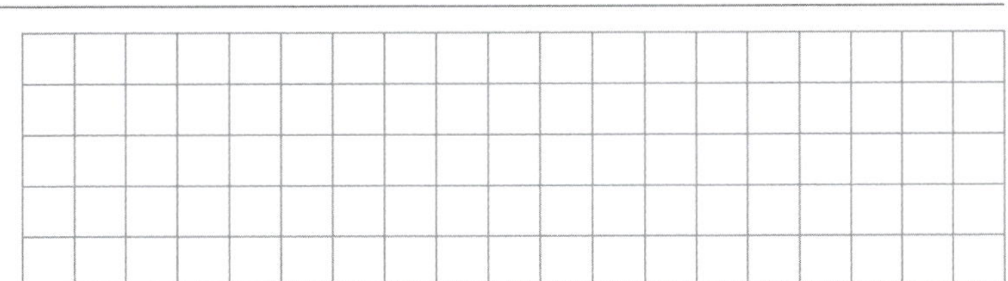

Antwort: ______________________________

1 und 2: Überschlagen und schriftliches Multiplizieren 3: Inhalt erfassen, Aufgabe finden und lösen
4: Zum Inhalt eine passende Frage finden, Aufgabe bilden, lösen und im Satz antworten

Multiplizieren von Größenangaben in Kommaschreibweise

1

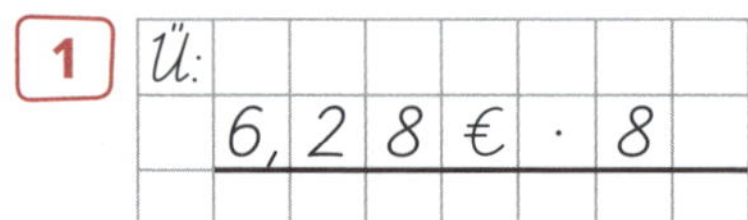

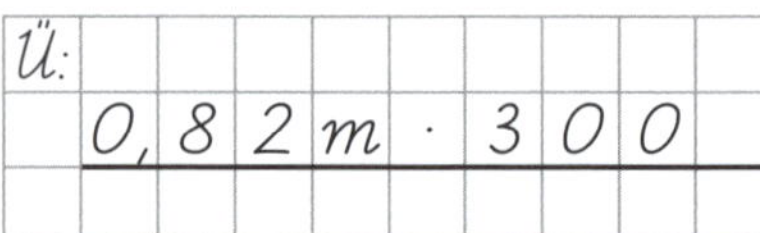

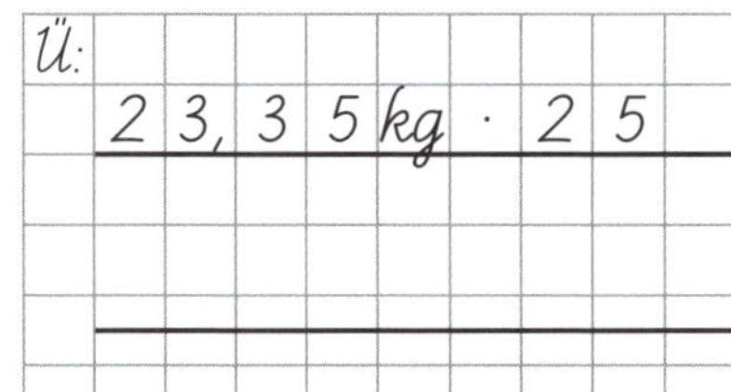

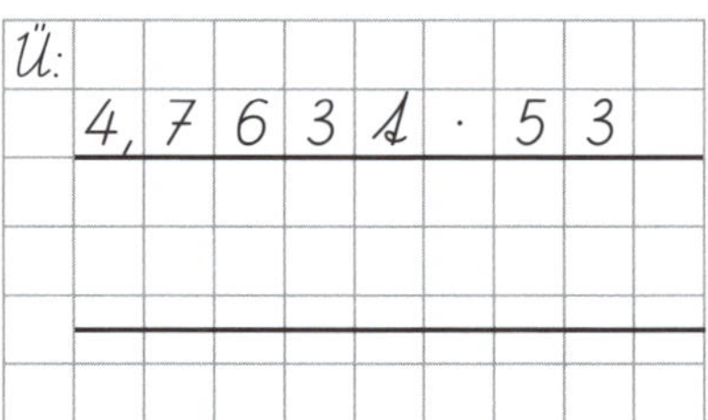

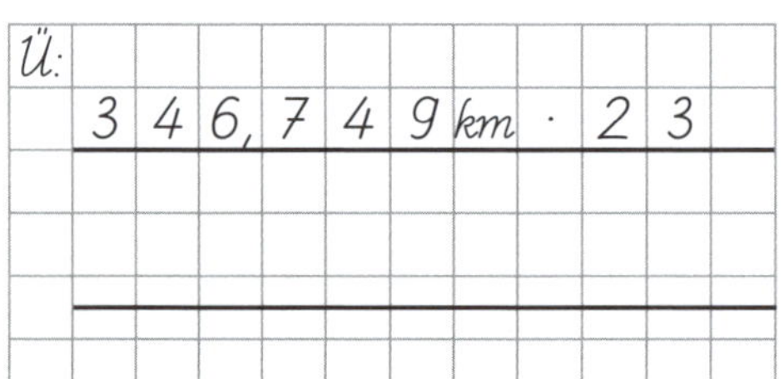

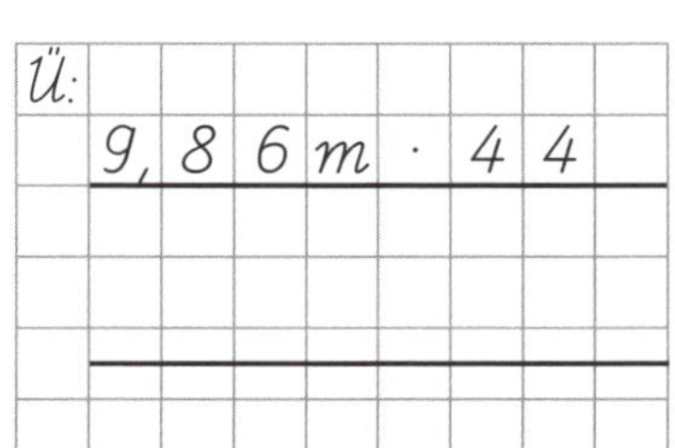

2 Herr Schmidt tankt 63 Liter Diesel. Frau Lehmann tankt 59 Liter Super Plus. Wer muss mehr bezahlen?

Aufgabe:

Antwort: ______________________________

____

1: Überschlagen und schriftlich Multiplizieren
2: Inhalt erfassenen, Aufgabe finden, lösen und im Satz antworten

Sekunde – Minute – Stunde – Woche – Monat – Jahr

1 Zeichne die Zeiger in die Uhren ein.

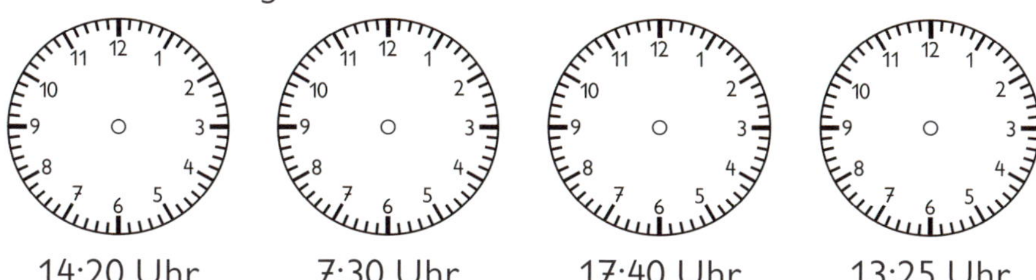

14:20 Uhr | 7:30 Uhr | 17:40 Uhr | 13:25 Uhr

2 Gib die Vormittags- und die Nachmittagszeit an.

3

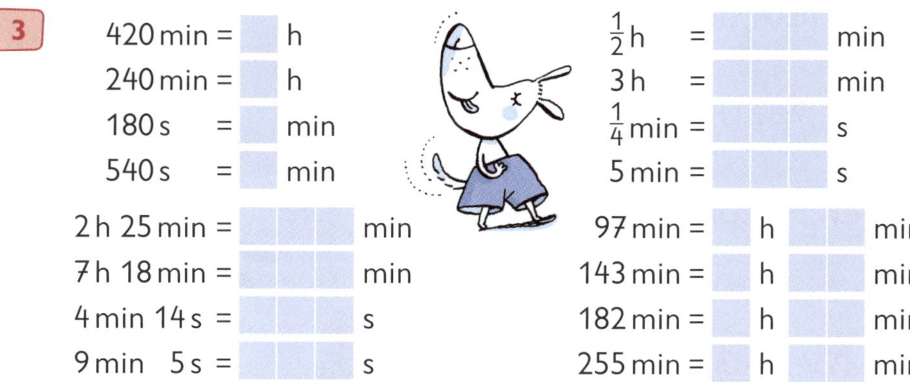

420 min = ___ h	$\frac{1}{2}$ h = ___ min
240 min = ___ h	3 h = ___ min
180 s = ___ min	$\frac{1}{4}$ min = ___ s
540 s = ___ min	5 min = ___ s
2 h 25 min = ___ min	97 min = ___ h ___ min
7 h 18 min = ___ min	143 min = ___ h ___ min
4 min 14 s = ___ s	182 min = ___ h ___ min
9 min 5 s = ___ s	255 min = ___ h ___ min

4

7 Wochen = ___ Tage	3 Jahre = ___ Monate
31 Wochen = ___ Tage	$\frac{1}{2}$ Jahr = ___ Monate
21 Tage = ___ Wochen	48 Monate = ___ Jahre
56 Tage = ___ Wochen	24 Monate = ___ Jahre

1: Zeiger einzeichnen 2: Uhrzeiten angeben
3 und 4: Umrechnen

Zeitpunkt – Zeitdauer

1

	Abfahrt	Fahrzeit	Ankunft
a)	19:25 Uhr	+ 28 min →	Uhr
b)	8:34 Uhr	+ 48 min →	Uhr
c)	20:12 Uhr	+ 1 h 13 min →	Uhr
d)	4:55 Uhr	+ 3 h 35 min →	Uhr

2

	Abfahrt	Fahrzeit	Ankunft
a)	5:55 Uhr	+ ☐ min →	5:58 Uhr
b)	14:43 Uhr	+ ☐☐ min →	15:36 Uhr
c)	18:04 Uhr	+ ☐ h ☐☐ min →	20:26 Uhr
d)	7:52 Uhr	+ ☐ h ☐☐ min →	11:09 Uhr
e)	9:17 Uhr	+ ☐ h ☐☐ min →	10:27 Uhr

3 Es ist 7:17 Uhr.

a) Vor 40 min war es: ____________ Uhr.

b) In 2 h und 23 min ist es: ____________ Uhr.

c) Bis 8:15 Uhr vergehen noch ____________ Minuten.

d) In 53 min ist es ____________ Uhr.

1: Zeitpunkt der Ankunft berechnen 2: Fahrzeit berechnen
3: Inhalt erfassen und Zeiten/Minuten angeben

Flächeninhalt – Flächenumfang

1 Gib den Flächeninhalt der Figuren mit der Anzahl der Kästchen an.

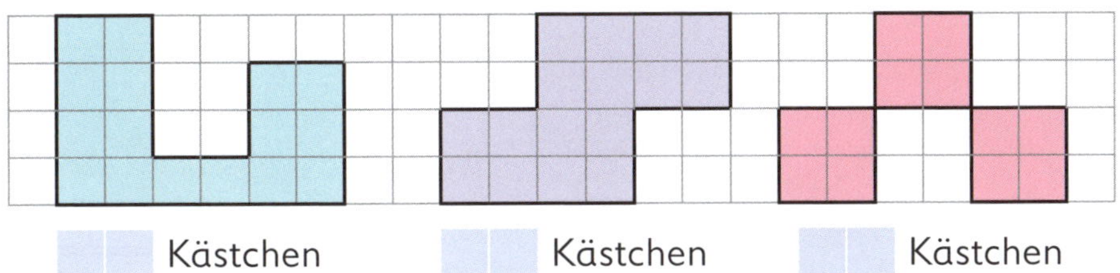

Kästchen Kästchen Kästchen

2 Zeichne ein Rechteck, das 14 Kästchen lang und 4 Kästchen breit ist. Gib den Flächeninhalt des Rechtecks an.

Flächeninhalt:

Kästchen

3 Gib den Umfang der Figuren an.

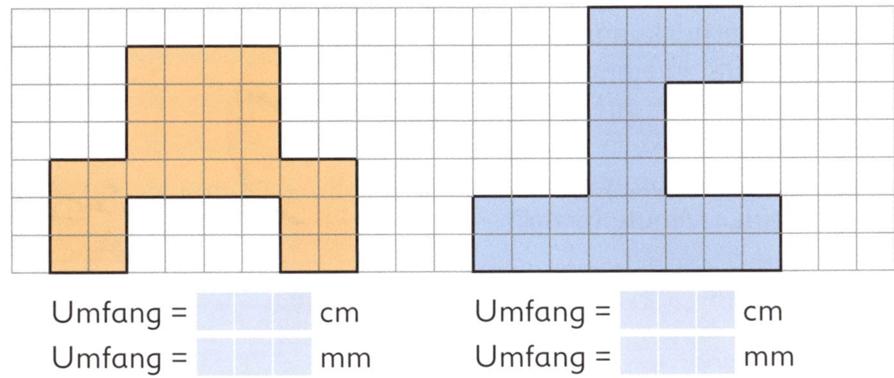

Umfang = cm Umfang = cm

Umfang = mm Umfang = mm

4 Die Tabelle enthält Angaben von vier Rechtecken. Berechne die fehlenden Angaben.

Länge	8 cm	60 mm	cm	3 cm
Breite	5 cm	20 mm	4 cm	cm
Umfang	cm	mm	14 cm	20 cm

1: Flächeninhalt durch Auszählen der Kästchen bestimmen 2: Rechteck nach Vorgabe zeichnen und Flächeninhalt angeben 3: Umfang durch Messen bestimmen 4: Tabelle ergänzen

Dividieren mehrstelliger durch einstelliger Zahlen

1

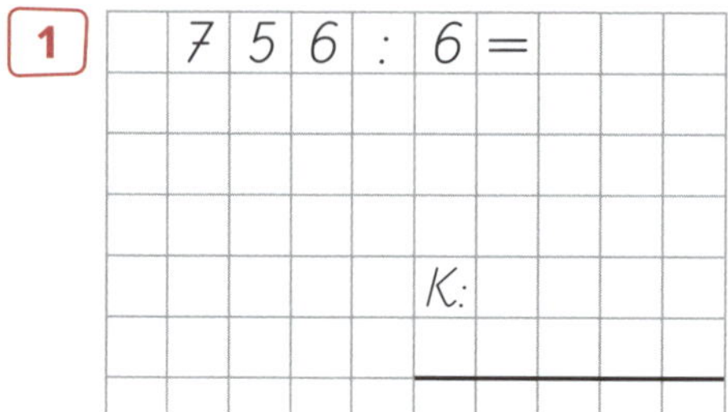

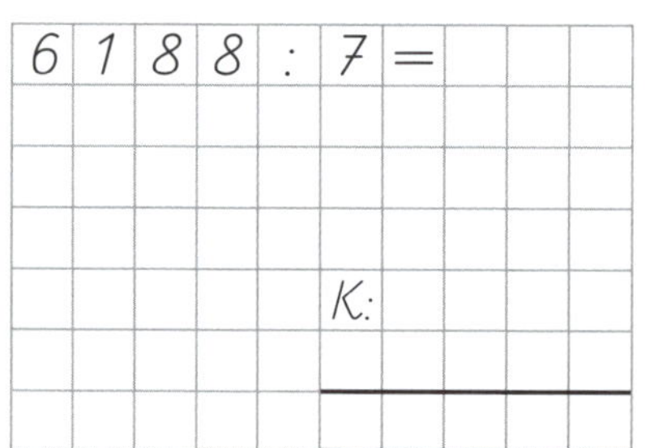

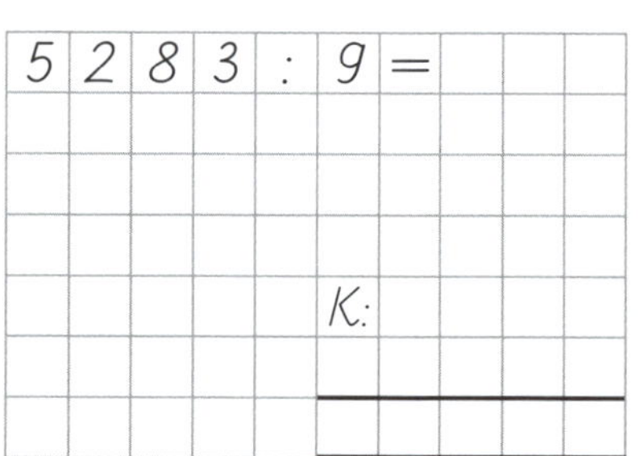

2 Der Verpackungsautomat schweißt in einer Minute 4 400 Sticker in Tüten mit je 8 Stickern. Wie viele Tüten werden in einer Minute fertig?

Aufgabe:

Antwort: ______________________________

1: Schriftliches Dividieren
2: Inhalt erfassen, Aufgabe finden, lösen und im Satz antworten

1 Überschlage erst, dividiere dann.

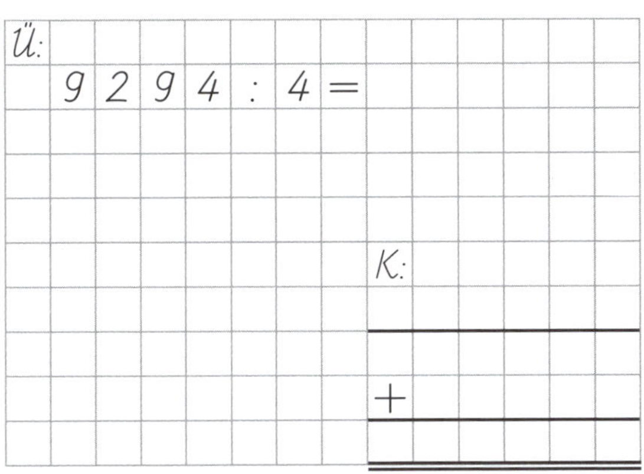

2 Erst den Überschlag bilden, dann dividieren und zum Schluss die Kontrolle.

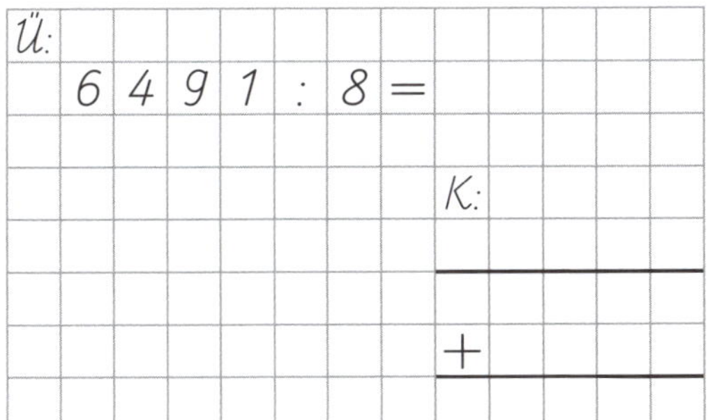

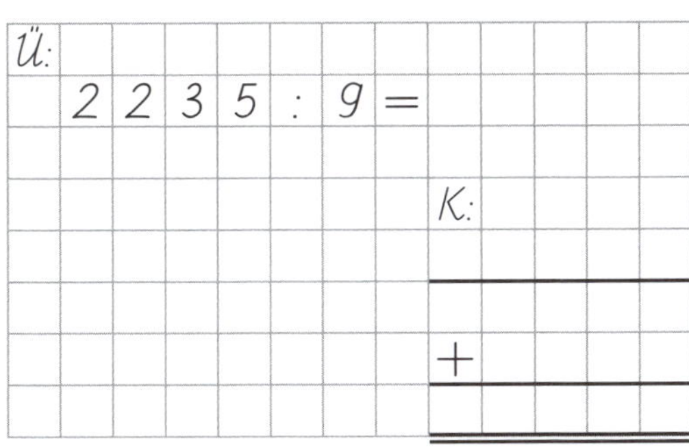

1: Überschlagen und schriftliches Dividieren
2: Überschlagen, schriftliches Dividieren; Kontrolle mit der Umkehraufgabe

Teilbarkeit

1 Kreise alle Zahlen ein:

a) rot, die durch 2 teilbar sind

b) blau, die durch 3 teilbar sind

c) grün, die durch 9 teilbar sind

2 Schreibe drei vierstellige Zahlen auf, die durch 5 teilbar sind.

Schreibe drei fünfstellige Zahlen auf, die durch 5 **und** durch 10 teilbar sind.

Schreibe drei sechsstellige Zahlen auf, die durch 2 teilbar sind.

3 Schreibe alle Zahlen auf:

die zwischen 7 459 und 7 465 liegen und durch 2 teilbar sind

die zwischen 7 223 und 7 235 liegen und durch 3 teilbar sind

4 Ist es möglich, gerecht zu verteilen? Kreuze an.

	Möglich	Unmöglich
257 Gummibärchen an 3 Kinder		
1 320 Wimpel auf 5 Wimpelketten		
456 Eintrittskarten an 2 Schulen		
80 430 l Benzin an 10 Tankstellen		
165 kg Fisch an 4 Delphine		

1: Teilbare Zahlen kennzeichnen 2 und 3: Zahlen finden
4: Möglichkeit bestimmen und begründen

Punktrechnung und Strichrechnung in einer Aufgabe

1

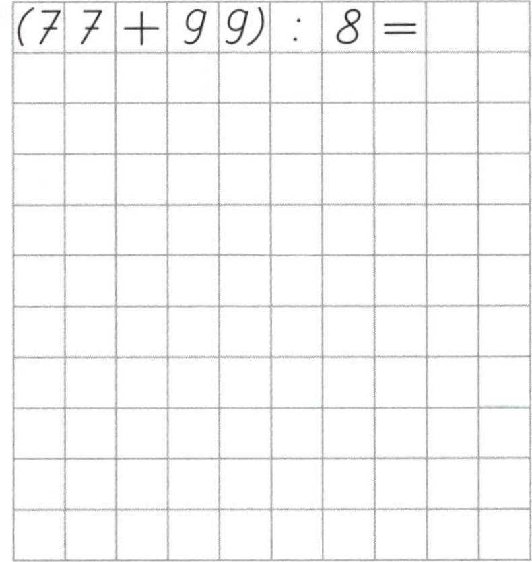

(148 + 146) : 3 =

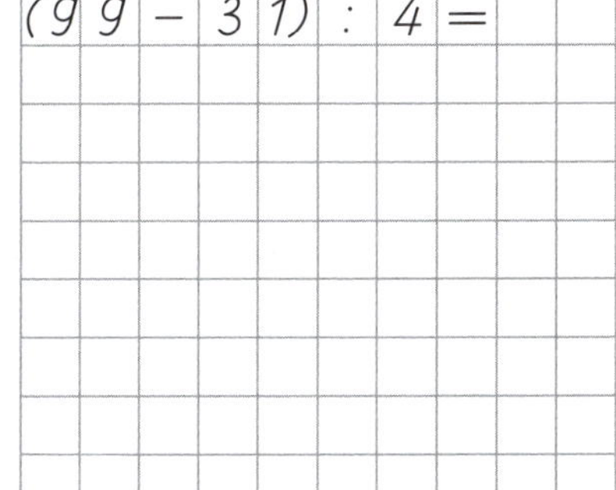

(808 − 408) : 8 =

2

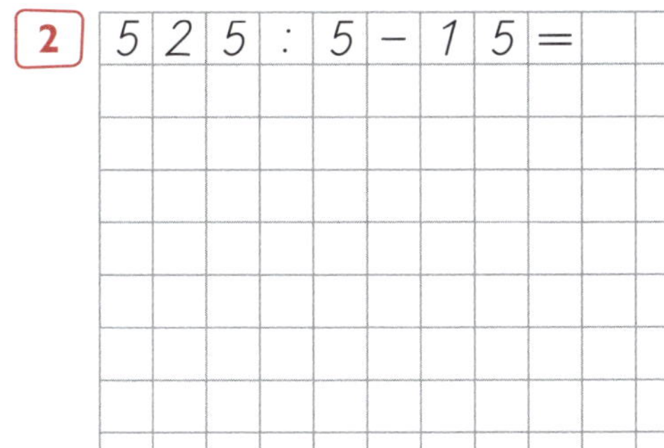

525 : (21 − 6) =

Dividieren von Größenangaben – Durchschnitt

1

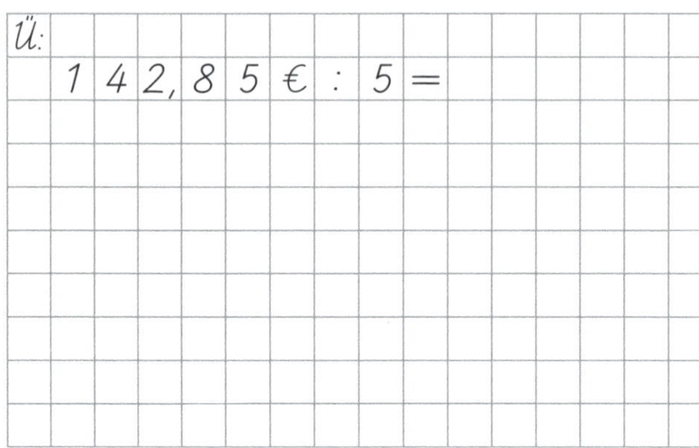

Ü:
142,85 € : 5 =

2

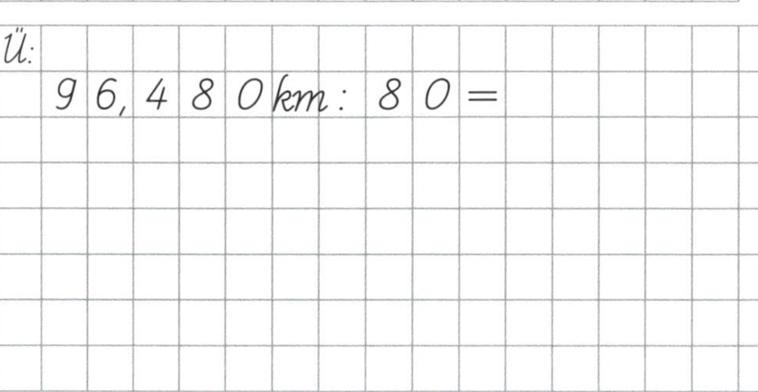

Ü:
96,480 km : 80 =

3

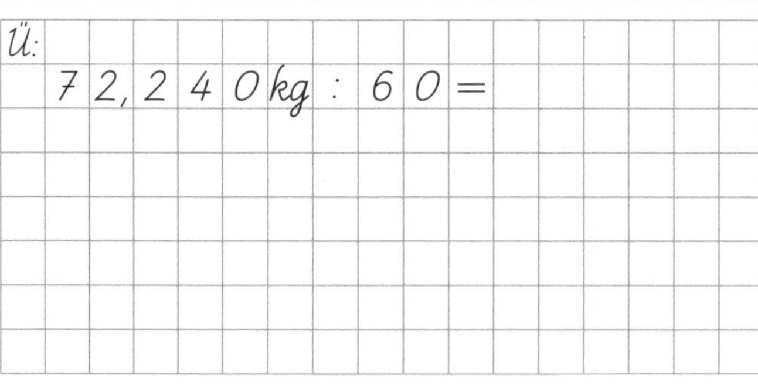

Ü:
72,240 kg : 60 =

4 Monika hat in Mathematik folgende Zensuren erhalten:

Zensur	1	2	3	4	5	6
Anzahl	5	7	5	0	0	0

Berechne den Zensurendurchschnitt.

1 bis 3: Dividieren durch eine einstellige/zweistellige Zahl
4: Durchschnitt berechnen

1 Wie viele verschiedene dreistellige Zahlen kannst du mit den Ziffernkarten legen? Schreibe alle auf.

7 0 9

2 Schreibe mindestens 6 vierstellige Zahlen auf, die du mit den Ziffernkarten legen kannst.

8 5 3 7

3 In einer Schachtel liegen 25 rote Kugeln, 10 blaue Kugeln und 5 gelbe Kugeln.

Wie viele Kugeln musst du mit verbundenen Augen mindestens herausnehmen, damit sicher

a) eine rote Kugel dabei ist? ☐☐ Kugeln

b) eine blaue Kugel dabei ist? ☐☐ Kugeln

c) eine gelbe Kugel dabei ist? ☐☐ Kugeln

4 An einem Irrgarten hängt dieser Wegeplan zur Orientierung:

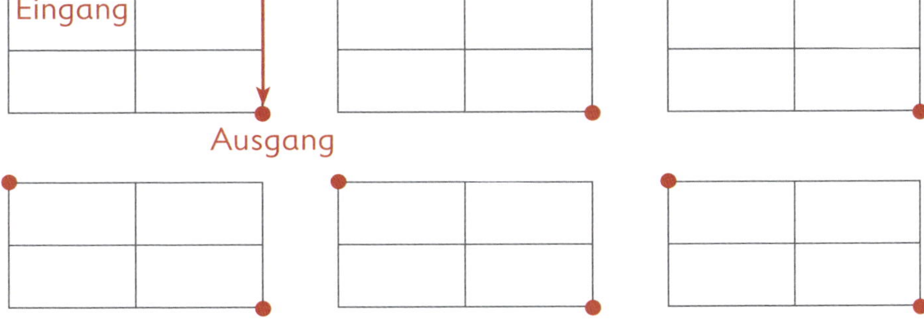

Ben behauptet, es gibt genau 6 Möglichkeiten, um vom Eingang zum Ausgang zu kommen, ohne einen Weg doppelt zu gehen. Finde diese Wege und zeichne sie farbig ein.

1 und 2: Dreistellige/Vierstellige Zahlen finden und aufschreiben
3: Anzahl der Kugeln bestimmen 4: Die sechs möglichen Wege einzeichnen

Daten – Häufigkeiten – Wahrscheinlichkeit

1

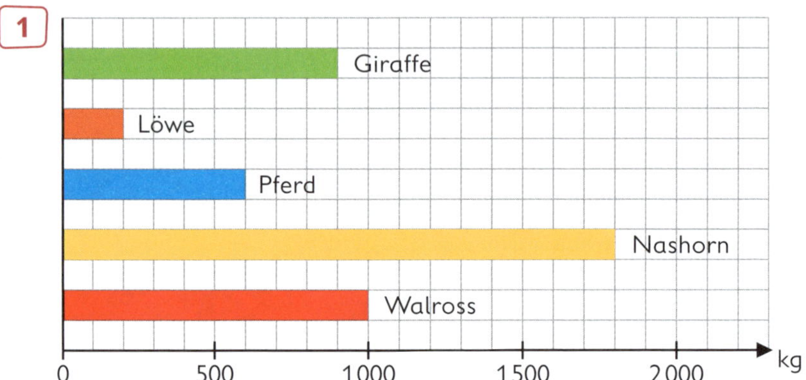

a) Lies das Gewicht der Tiere ab.

Nashorn: ________ kg Löwe: ________ kg Pferd: ________ kg

b) Welches Tier ist doppelt so schwer wie eine Giraffe?

Giraffe: ________ kg ____________________ : ________ kg

2 Während der Schonzeit dürfen Tiere nicht gejagt werden.

a) Wie viele Tage sind das?

Tier	Schonzeit	Anzahl der Tage
Reh	01.02. bis 16.09.	
Hase	15.01. bis 16.10.	
Wildente	01.02. bis 30.06.	
Dachs	15.01. bis 30.06.	
Ringeltaube	15.04. bis 30.06.	

b) Welches Tier hat die kürzeste Schonzeit? ________________
Welches Tier hat die längste Schonzeit? ________________

3 Wenn du mit einem Würfel sechsmal würfelst, dann ist die Summe der gewürfelten Augen:

	Möglich	Sicher	Unmöglich
genau 21			
kleiner als 21 oder 21			
größer als 21			

Kreuze an.

1: Gewicht der Tiere ablesen 2: Anzahl der Schontage berechnen; kürzeste/längste Schonzeit finden 3: Entscheidung treffen

1 Richtig oder falsch? Kreuze an.

	richtig	falsch
a) Ein Zylinder hat 3 Flächen.	○	○
b) Eine Pyramide hat 3 Flächen.	○	○
c) Ein Quader hat 8 Flächen.	○	○
d) Ein Kegel hat 2 Flächen.	○	○

2 Wie viele Flächen haben diese Körper?

a)
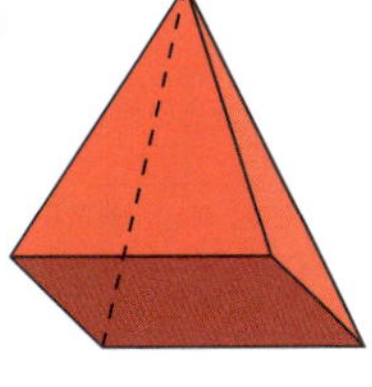
☐ Flächen

b)

☐ Flächen

c)

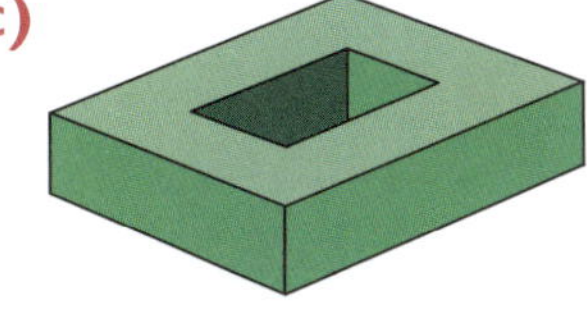
☐☐ Flächen

d)
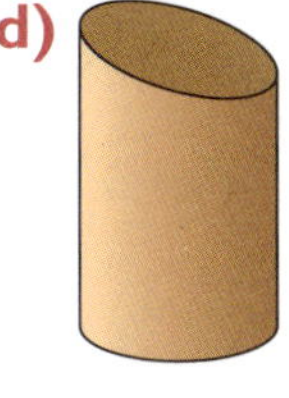
☐ Flächen

e)

☐ Flächen

f)
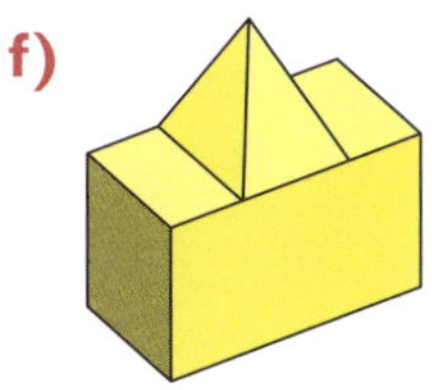
☐☐ Flächen

3 Anna schaut von oben auf drei Körper und sieht diese Figuren. Schreibe zu jeder Figur den Namen des Körpers.

a)
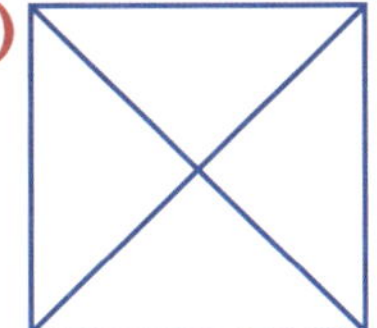
____

b)

____

c)
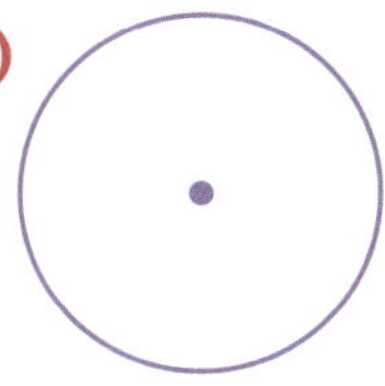
____

1: Entscheiden, ob die Aussage richtig oder falsch ist
2: Anzahl der Flächen angeben 3: Körpernamen zuordnen

Würfelnetze – Quadernetze

1 Vervollständige zu Würfelnetzen.

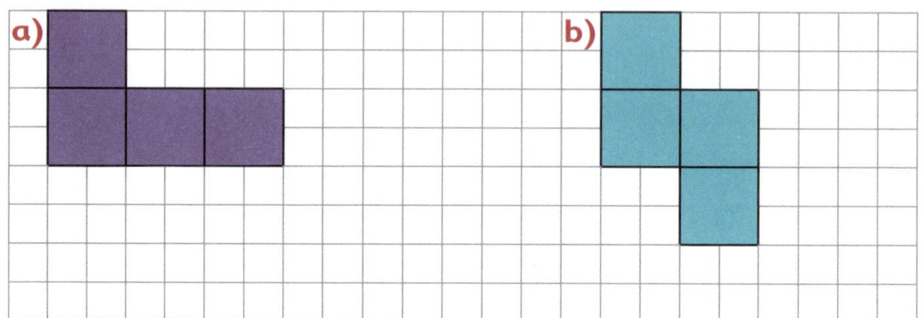

2 Ergänze die fehlenden Punkte auf den Würfelnetzen.

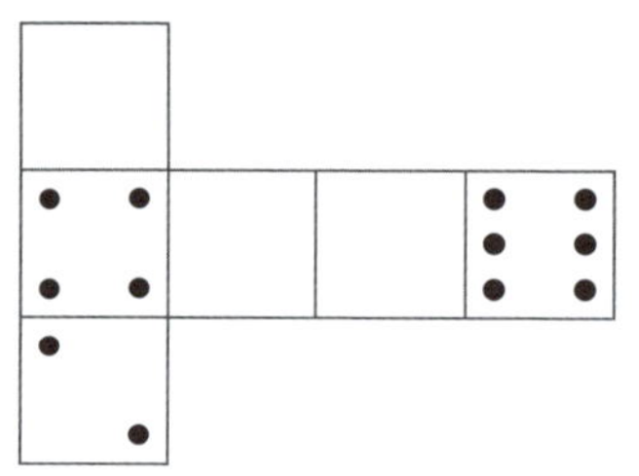

3 Vervollständige zu Quadernetzen.

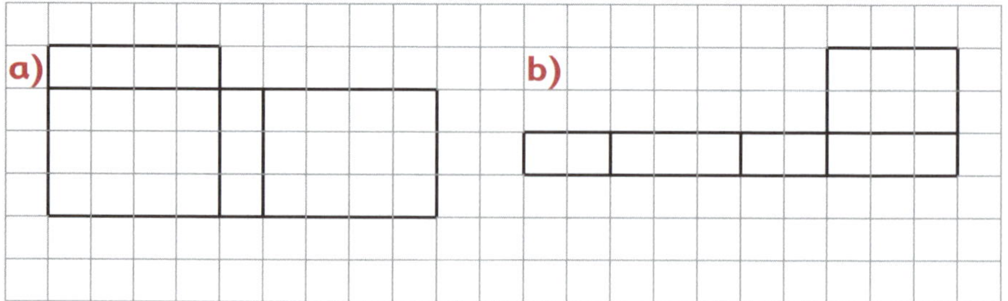

4 Male die gegenüberliegenden Seiten des Quaders mit der gleichen Farbe aus.

1 und 3: Würfel- bzw. Quadernetze vervollständigen 2: Fehlende Würfelaugen eintragen
4: Seiten nach Vorgabe färben

Rauminhalt – Würfelbauten

1 **a)** Aus wie vielen Würfeln bestehen die Würfelbauten?

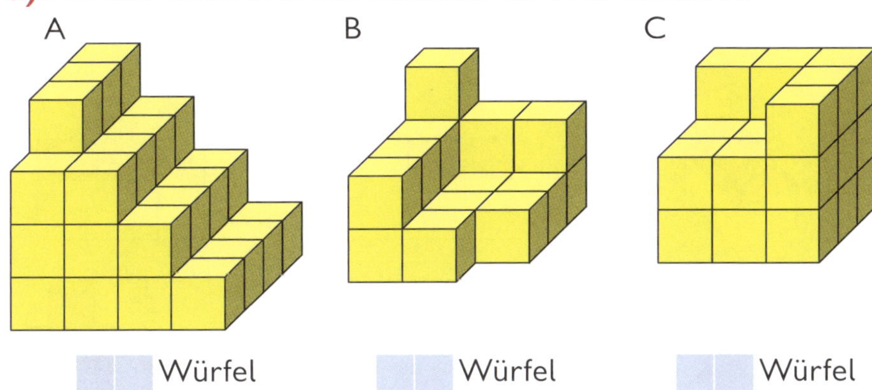

Würfel Würfel Würfel

b) Ordne den Würfelbauten immer den richtigen Bauplan zu.

D

3	3	3
2	2	3
2	2	3

E

4	3	2	1
4	3	2	1
4	3	2	1
3	3	2	1

F

3	2	2
2	1	1
2	1	1
2	1	

zu A gehört: zu B gehört: zu C gehört:

2 Schreibe für jeden Würfelbau den Bauplan.

1: Anzahl der Würfel bestimmen; Baupläne den Bauten zuordnen
2: Baupläne schreiben

Ansichten

1 Ben hat verschiedene Ansichten der Kirche aufgezeichnet. Welche Ansichten passen zur Kirche? Kreuze an.

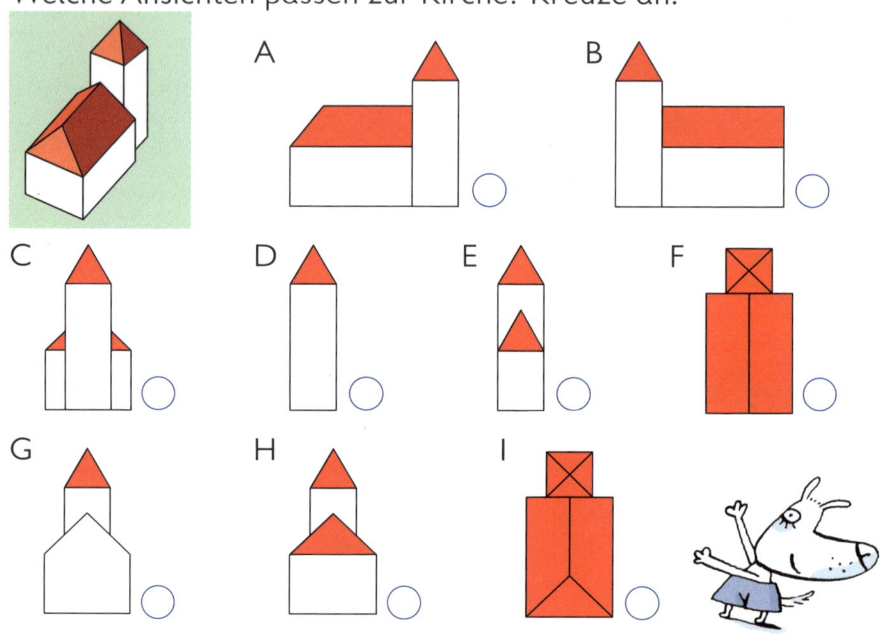

2 Betrachte den Würfelbau von vorn, von rechts, von hinten und von links.

Zeichne auf, was du aus der jeweiligen Richtung siehst.

von rechts

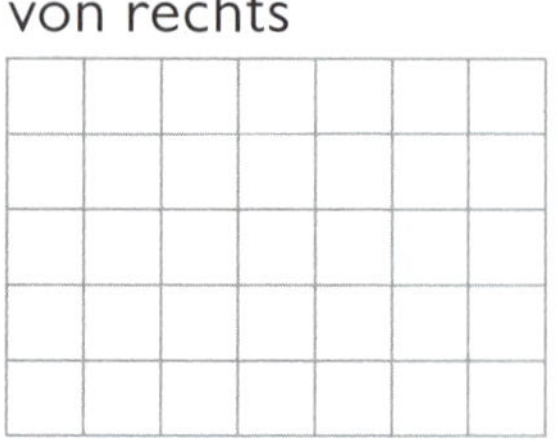

von vorn

von oben

von links

1: Ansichten der Kirche zuordnen
2: Ansichten für die vier Richtungen zeichnen